本书出版受以下项目资助：
高分城市精细化管理遥感应用示范系统（一期）项目
北京市高精尖学科建设项目"测绘科学与技术"学科建设

国产高分卫星
城市地表要素提取
方法研究

蔡国印　张宁　杜明义　著

WUHAN UNIVERSITY PRESS
武汉大学出版社

图书在版编目(CIP)数据

国产高分卫星城市地表要素提取方法研究/蔡国印,张宁,杜明义著.
—武汉:武汉大学出版社,2021.8
ISBN 978-7-307-22487-2

Ⅰ.国… Ⅱ.①蔡… ②张… ③杜… Ⅲ.城市—地表形态—高分
辨率—遥感图像—提取—方法研究 Ⅳ.TP75

中国版本图书馆 CIP 数据核字(2021)第 147613 号

责任编辑:王 荣 责任校对:汪欣怡 版式设计:韩闻锦

出版发行:**武汉大学出版社** (430072 武昌 珞珈山)
(电子邮箱:cbs22@whu.edu.cn 网址:www.wdp.com.cn)
印刷:武汉邮科印务有限公司
开本:787×1092 1/16 印张:9.75 字数:231 千字
版次:2021 年 8 月第 1 版 2021 年 8 月第 1 次印刷
ISBN 978-7-307-22487-2 定价:39.00 元

前　言

随着我国航天事业的快速发展，国产高分辨率遥感卫星陆续升空，我国遥感行业欣欣向荣，这在很大程度上改变了我国高分辨率遥感数据长期依赖国外高分辨率卫星的现状。本书是在"高分城市精细化管理遥感应用示范系统(一期)项目"、北京市高精尖学科建设项目"测绘科学与技术"学科建设的资助下，主要以高分一号、二号卫星影像为数据源，开展与城市地表要素提取相关的探究性工作。

本书第 1 章介绍了高分辨率遥感数据对城市地表要素提取的数据支持以及建筑物提取的现状；第 2 章从住建行业的实际应用出发，设计了城市地表要素的分类体系；第 3 章阐述了城市地表要素样本库的构建及管理方法；第 4 章以 U-Net 为基础，构建了多特征参与决策的全卷积神经网络，并利用公开数据库对所构建的网络进行了性能测试；第 5 章利用国产高分二号数据，基于已构建的网络设计单输入和双输入模型，实现对长春地区的城市建筑物的提取；第 6 章基于卷积神经网络提取阴影，并辅助进行城市建筑物信息的提取；第 7 章以组合多分类器进行城市地表要素的提取；第 8 章充分利用国产高分一号、二号数据的多空间分辨率特征，设计了城市地表要素的三层分类方案，并提取了长春地区的城市地表要素。

本书的出版得到北京建筑大学测绘与城市空间信息学院的支持。感谢研究生李志强、张晋熙、刘文强、王媛、孙琴琴等在国产高分数据处理、样本库构建、实地数据采集、网络搭建、算法设计以及精度验证方法研究等方面提供的帮助。

限于作者水平，书中不足之处在所难免，恳请广大读者和同行批评指正！

作者

2021 年 4 月 30 日

目　　录

第1章 绪 论

1.1 概 述

遥感，即通过以电磁波为媒介的传感器在远离和不接触目标的条件下对其进行探测的过程。基于遥感的地表要素信息提取以及环境变化监测与分析一直是遥感科学领域重要的研究内容。对于早期的中低分辨率遥感影像，人们更多的是利用影像中光谱信息提取较大尺度的地物信息。对于某些地物类型，它们在影像中具有典型的光谱特征，如水体对近红外波段具有较低的反射率，红波段和近红外波段组成的 NDVI 指数可以有效地区分植被和其他地物，农田具有均匀的纹理。人造地表是高分辨率影像中最复杂的地物，具有丰富多样的形态，其中建筑物最为复杂。随着 1999 年世界上第一颗亚米级分辨率遥感卫星 IKONOS 的升空，国内外相继发射了众多亚米级的高分辨率遥感卫星。空间分辨率越高的影像中包含了越丰富的地物特征信息，高分辨率卫星影像在城乡建设和规划、智慧城市建设、交通路网规划、土地利用、专题信息提取等方面有着广泛的应用，准确地提取出高分辨率影像中的地物信息能为各类应用提供有价值的基础和辅助材料。

在高分辨率遥感应用初期，通过定义多维特征，充分利用了高分辨率影像中的光谱、几何、纹理等信息，实现对感兴趣地物的影像分割和分类。作为城市中分布最广的一类地物，城市建筑物能反映这个城市的发展水平，是在高分辨率影像中最难提取的一类典型要素，提取过程往往耗时、耗力。基于面向对象的分类方法能够在建筑面积统计上基本满足建筑提取要求，但是影像分割时主要依靠对象的光谱异质性，没有在人类的认知水平上将建筑物分割出来，以致在分割对象的基础上得到的建筑物提取结果边界模糊，严重影响了分类结果的广泛应用。

受限于面向对象方法具有较低的建筑物提取精度，提取结果很难工程化应用于城市规划、管理等部门。近年来，深度学习技术逐步成熟，人们通过训练深度卷积神经网络可以从图像中学习到高层抽象的特征，这更符合人脑分析和解释数据的机制。因此，深度学习技术也逐渐被应用于计算机遥感解译的高分辨率遥感卫星信息提取中。深度卷积神经网络通过卷积来学习和提取图像特征的模式在提高城市建筑物提取精度的同时，还可以在一定程度上改善提取结果边界模糊的问题。提高在高分辨率影像中建筑物提取的精度，有利于将信息提取的结果服务于规模化的城市建筑物信息提取，为城市规划、旧城改造等提供基础背景数据，为城市扩张、城镇化健康监测、城市可持续发展等提供数据支撑(王京卫等，2012)。

1

1.2　遥感与城市应用

自从 1972 年第一颗陆地资源卫星的升空，地球观测数据从科学研究范畴逐步走入公众视野。在理论上，地球资源卫星可以获取全球范围的地表物体、结构或发展变化模式等空间数据，其立体视角、快速、现势性、覆盖面积广以及高性价比等数据获取特征引起科学界、行业应用领域等的广泛关注。在技术上，通过利用各种不同的方法，如概率统计、神经网络、模糊数学以及自动信息提取等方法，将遥感数据转换为特定应用领域的遥感产品。

随着全球城镇化进程的加剧，越来越多的人生活在城市中，大面积的植被、耕地等被建筑物、道路等人造地表所取代。城镇化所带来的环境、交通、住房等问题受到越来越多的关注。随着高分辨率遥感卫星的相继发射升空，遥感数据处理及信息提取技术的飞速发展，遥感技术在城市领域相关的应用广受关注。由于遥感影像具有覆盖范围大的独特优势，而城市环境的变化过程恰恰是在城市尺度发生的。因此，高分辨率遥感影像在城市地物要素识别、城市增长模式以及人地交互等方面可以为城市或区域规划人员提供客观、稳定的数据支持。此外，由于遥感的重复观测，大量的存档数据结合现势性高的近实时影像，可以为城市土地利用分类、城市地表要素制图、城市扩张以及城市用地的变化检测等提供数据基础。

基于卫星遥感技术的城市应用主要源于两类遥感传感器，光学传感器和合成孔径雷达（SAR）。SAR 主要依靠雷达信号对具有不同几何特征和表面属性的地物的后向散射系数实现对地表的观测，其主要优势表现为不受太阳高度角的限制，同时大气衰减的影响小。光学传感器可以获取从可见光、近红外、短波红外以及热红外等波长范围的地物光谱信息，进而通过地物在不同波段的光谱响应实现对地物的识别。与 SAR 相比，其影像解译简单，同时具有时序的遥感数据，使得光学传感器在城市领域应用中备受青睐。与此同时，综合应用可用的遥感卫星数据资源实现对城市地表的探测和城市应用，已经成为发展趋势，如全球范围城市边界信息的提取。众所周知，准确的城市边界及其变化信息可以为城市变化检测、自然资源管理、交通发展以及环境影响分析等方面提供数据基础。通过探测人造地表特征的密集表面，利用识别城市建成区与非城市建成区或者城市土地覆盖面积的百分比，综合利用光学、SAR、热红外数据以及灯光数据等实现全球范围城市边界信息的提取。

1.3　城市建筑物提取研究现状综述

监督分类（如支持向量机、决策树、随机森林、K-最邻近、人工神经网络）和非监督分类等方法，由于具有算法成熟、可操作性高等优势，在遥感影像分类中取得了广泛的应用。这些传统算法在高分辨率影像的信息提取中，普遍存在地物相互之间混淆严重、分类精度低等问题，而近些年出现的深度学习技术，受到高分辨率遥感信息提取领域研究者的广泛关注。

中低分辨率遥感影像一般用于大尺度地物提取，对于细碎地物则提取效率有限。高分辨率影像包含了小尺度地物精细的几何、纹理等信息，使得人们可以充分挖掘和利用这些信息，这有利于建筑物的提取工作。但是如何挖掘高分辨率影像中的复杂信息用于城市建筑物提取是高分辨率遥感应用中的一大挑战。近年来人们通过各种方法对高分辨率影像的建筑物提取做了大量研究，主要包含如下四个方面：①基于区域分割的高分辨率影像建筑物提取；②基于直线、角点检测的高分辨率影像建筑物检测；③基于多源数据综合提取高分辨率影像建筑物信息；④基于深度学习的高分辨率影像建筑物提取。这四个方面并不是相互独立的，国内外学者也结合具体情况综合运用多种方法做高分辨率影像建筑物提取。

面向对象分类是目前高分辨率遥感影像分类处理的主流方法，该方法考虑到高分辨率影像中的几何信息，通常先根据异质性阈值将影像分割成一个个具有一定实际意义的斑块，然后将图像对象的特征观测值输入分类器中加以分析，从而提高了高分辨率影像分类的效率。图像分割往往难以将建筑物完整地分割，对于谱值分布均匀的建筑物，使用面向对象方法可以有效地将建筑物相对完整地从影像背景中分割出来；对于谱值多样的建筑物，由于现有图像分割算法主要基于光谱差异进行图像分割，因此建筑物难以从影像背景中分割出来，导致提取结果中建筑物不完整，边界模糊。S. Dahiya 等（2013）基于面向对象逐层过滤掉高分辨率影像中的不感兴趣区域后，根据面积提取了建筑物对象，进而对提取结果的建筑物边界进行平滑处理，提高了建筑物的提取精度。

在高分辨率影像中，建筑物的几何结构特征突出，人们根据这一点设计了新的建筑物检测方法，通过对建筑物的明显几何特征（角点、直线）的检测，完成对建筑物信息的提取。这种方法的好处是不需要训练标记型数据，而是直接通过检测影像中几何信息将建筑物分割出来。但它适用于形状规则、边界简单的建筑物提取，对于边界复杂的建筑物，难以准确提取建筑物的角点和直线信息。

只利用高分辨率影像本身的信息提取建筑物的效果有限，人们充分利用了多源数据在建筑物提取中的优势。例如，将数字高程模型与高分辨率影像融合，可以通过建筑物与背景之间的高差提高建筑物的提取精度；将建筑物阴影作为辅助信息，可以有效地提高高分辨率影像中建筑物的提取精度；同时结合机载 LiDAR 数据和 GeoEye 高空间分辨率遥感影像，使用面向对象的方法对研究区的建筑物进行提取，可以很好地提高建筑物的提取精度。

遥感影像的计算机分类都是基于对影像中特征的提取，以上介绍的方法都要经过人工特征提取的过程，然而在多数情况下城市建筑物形态复杂、分布多样，人工难以在大区域高分辨率影像中提取出有代表性的建筑物特征。近年来，深度学习技术的成熟使其可以通过训练大量样本学习到图像中具有代表性的高级抽象特征，对于遥感分类有很好的泛化性。2012 年，AlexNet 卷积神经网络模型在图像识别任务上得到了当时最佳成绩，该网络有七层卷积层，通过训练大量带标签数据可以使模型学习到图像中的高级抽象特征。之后，人们设计了更高效的卷积神经网络，例如 ZFNet、GoogLeNet 等网络，并将预训练模型公开。M. Vakalopoulou、K. Karantzalos 等（2015）基于卷积神经网络实现了遥感影像上建筑物目标的检测。起初，人们使用卷积神经网络对遥感影像进行逐像素或逐超像素的分类，这种方法依然存在一定的局限性。2014 年，在图像语义分割领域出现了一种端到端的全卷积神经网络，可以接受任意尺寸的图像输入并得到分割结果，这使得图像语义分割的效率大大提高，人们逐渐将全卷积神经网络的方法用于高分辨率影像的建筑物提取中。针对建筑物形状和外观多样、分布复杂等特点，Chen Kaiqiang 和 Fu Kun(2017)设计了 27 层的拥有卷积和反卷积的深度卷积神经网络，实现了高分辨率影像上建筑物的像素级提取。伍广明等(2018)通过对 U-Net 模型的改进，设计了新的全卷积神经网络，从而提高了航空影像上建筑物的提取精度。

综合以上国内外研究现状，我们可以将当前高分辨率影像建筑物提取的方法概括为两大类：基于人工提取特征的高分辨率影像建筑物提取方法和基于深度学习特征的高分辨率影像建筑物提取方法。这两大类方法均可在高分辨率影像建筑物提取上取得一定的效果，但有各自的局限。基于人工提取特征的高分辨率影像建筑物提取方法，由于特征是人工定义的，人工特征难以对建筑物提取获得很好的鲁棒性，因此在提取建筑物时须针对具体问题具体对待，不能用同一种方式去提取不同地域的建筑物。基于深度学习特征的高分辨率影像建筑物提取方法能够通过训练大量数据集，从中学习到很好的特征，因此人们需要为模型准备充分的训练样本而无需为其设计特征。但网络模型的好坏对于高分辨率影像中的建筑物提取具有一定影响，合理地利用网络模型学习到的特征可以提高模型对建筑物的提取效率。

1.4　本 书 结 构

本书中第 1 章为绪论；第 2 章介绍城市典型地表要素样本库分类体系的构建，主要包括建筑物、道路、绿地、水体以及桥梁五类，同时对重点关注的建筑物进行了细类划分；第 3 章介绍地表要素样本库的构建方法，主要是样本的采集、制作以及入库和可视化管理；第 4 章重点介绍多特征参与决策的全卷积神经网络的构建方法以及测试结果；第 5 章基于所构建的全卷积网络实现对城市建筑物信息的提取；由于阴影在高分辨率影像中特征明显，第 6 章基于卷积网络提取建筑物阴影，并辅助进行城市建筑物信息的提取；第 7 章和第 8 章阐述城市地表覆盖/土地利用信息的提取，第 7 章偏重于基于多分类器的分类，第 8 章则是综合利用高分一号和高分二号卫星的各自优势特征，设计多级分类体系实现对城市地表覆盖/土地利用信息的提取。

第 2 章　城市典型地物样本库分类体系设计

2.1　研究背景

近年来，随着我国卫星遥感技术的不断进步，国产遥感卫星所拍摄的遥感影像数据质量越来越高，空间、时间、光谱、辐射等分辨率都在不断提高，为各个领域中的遥感应用提供了丰富的数据源(高伟，2010)。我国高分专项工程的实施，高分系列卫星的成功发射以及高质量的信息传输、获取和处理，使得我国摆脱了长期以来对国外卫星数据的依赖。尤其是国产高分二号(GF-2)卫星具有亚米级的空间分辨率，提供了更加详尽的城市地表要素特征信息，为城市典型地物要素的提取提供了有力的数据支持。

随着高分系列卫星的运行与投入使用，越来越多的行业应用开始采用国产高分数据。为了能够描述、表达和提取不同的地表要素类型信息，许多研究尝试利用光谱特征、几何特征及纹理特征来提取地表要素信息(Ma et al.，2017)。由于高分辨率影像在城市下垫面所呈现的高度异质性，使得其在城市的潜在应用面临着巨大的挑战(Gong et al.，2020)。卷积神经网络(CNN)在描述图像的高级和语义方面具有强大的能力，尤其是深度卷积神经网络，在解译高分辨率遥感影像方面受到了广泛的关注(Zhu et al.，2018)。尽管深度学习在自动驾驶、人脸识别、语音识别等方面取得了显著成就，但是由于卫星影像的波段信息丰富、处理技术繁杂，加之城市地表的高度复杂性，将深度学习应用于城市典型地表要素的提取仍处于起步和探索阶段。目前，国内外有一定数量的基于遥感影像的数据集，但是样本多偏重于自然地物以及飞机、舰船等目标物，且样本容量依然很难满足深度学习日益增加的需求，因此建立针对城市地表要素的大数据量样本库是城市遥感需要解决的关键问题之一(Gong et al.，2020)。

很多成熟的深度卷积网络模型用于解决遥感影像中具有挑战性的问题，包括场景分类、目标检测、图像检索以及地表覆盖分类等。深度卷积神经网络中最基础、最根本的任务就是影像分割，卷积神经网络通过卷积池化等操作提取特征，且串联所用的卷积池化操作越多，提取到的特征越高级、越抽象，而高级、抽象的特征具有很强的鲁棒性，对于机器识别复杂对象有很大的帮助。而图像特征的学习则在很大程度上取决于训练数据的质量和数量(闵志欢，2014；Chakraborty et al.，2015)，CNN 模型的识别能力在一个类型丰富的样本库中可以训练出泛化性和鲁棒性好的网络模型(Xia et al.，2017)。因此建立样本数据库是基于深度学习影像分类的关键。

5

到目前为止，各国的研究者已经提出了许多种面向不同应用的地表覆盖数据集，并提出了许多基于深度学习的地表覆盖分类方法。但是，大多数现有地表覆盖数据集所覆盖的地理区域不超过 $10km^2$，并且地理分布具有很高的相似性。当前的训练样本数据多靠研究人员根据自己的需求制作，手动标注标签，不仅费时费力、工作量大，同时数据质量也容易受到解译人员的影响。由于源数据缺少、样本生产缓慢、地物信息复杂、标准不一等因素，使得深度学习在城市遥感影像解译领域的广泛应用受到制约（Chen et al.，2017；代林沅，2018）。基于此，本章将基于国产 GF-2 卫星，构建城市典型地物样本库，可为利用深度学习技术进行城市建筑物、道路等要素的提取提供大数据量的训练样本支持。

2.2 国内外样本库研究概述

遥感影像空间分辨率的高低与其可识别的地物细节程度密切相关，分辨率越高，影像中包括的地物细节越清楚。随着遥感技术在各行业应用的探索和推广，很多团队已经相继发布了各种基于不同应用目的的遥感影像数据集。由于硬件设备等问题，早期的遥感图像分类数据集，如 NCLD2001、NCLD2006 和 NCLD2011 都是针对中、低空间分辨率的影像。利用中、低空间分辨率的影像分辨地物不仅困难，而且很容易出错，在这种情况下，人工分类和基于深度学习的分类都无法有效区分单个地物，已经不适合现在的高精度遥感图像分类。随着高分辨率遥感卫星的迅速发展和应用，亚米级的遥感影像所包含的地物信息十分丰富，能够满足深度学习在遥感影像地物分类中的应用，相关学者开始利用高分辨率的遥感影像建立亚米级的遥感影像分类样本库。例如，Ms-COCO 数据集为常见场景中的常见对象识别提供语义分割的基础数据，专注于人、汽车、公共汽车、牛、狗和其他物体等 91 类，其中 82 种物体具有超过 5000 个标注样本。在样本库的 32.8 万张图像中，总共有 250 万个带标签的样本实例。为了帮助语义分割模型更好地在不同场景之间进行概括，ADE20K 数据集涵盖了更多的不同场景，标记了来自更多不同类别的对象，从而为对象识别带来更多的可变性和复杂性。

针对遥感平台，用于语义分割的数据集则相对有限，ISPRS 2D 语义标记基准（Rottensteiner et al.，2017）提供了针对城市场景语义标记的波茨坦数据集，定义了 6 类，包括不透水面、建筑物、植被、树木、汽车和背景。休斯顿数据集（Debes et al.，2014）提供了高光谱图像（HSI）和激光探测与测距（LiDAR）数据，两者均具有 2.5m 的空间分辨率，用于像素级区域分类。Zeebruges 提供的数据集，针对陆地的地表覆盖和对象共定义了 8 个类别，图像的分辨率为 5cm。DeepGlobe 基准为像素 50cm 的地表覆盖分类提供了语义标签数据集。图像具有亚米级分辨率，涵盖 7 类，即城市、农业用地、草地、森林、水、裸地和未知地物类型。GID 数据集提供了来自高分二号影像的 4m 分辨率多光谱（MS）卫星图像，用于土地利用分类，目标类别包括 15 个主要类别，分属于 5 个大类，分别是建成区、农田、森林、草地和水。由西北理工大学建立的 NWPU-RESISC45 数据集，一共包括了 45 个对象类别，收集了 31500 张影像，空间分辨率为 0.2~3m。截至目前，具有代表性的样本库样例主要包括以下9种。

1. UC-Merced

该数据集是由美国加利福尼亚大学美熹德分校（UC Merced）电气工程与计算机科学学院于2010年发布的，是美国地质勘探局（USGS）利用大量的人工通过目视解译的方法从美国不同的城市和地区的卫星影像中采集和提取的。UC-Merced数据库由2100幅正射影像组成，分为21类，包括农业用地、建筑物、海滩、森林、高速公路、港口、立交桥、河流等（图2-1）。每个类别包含100幅像素尺寸大小为256×256的光学影像，虽然看上去不多，但已经是一个相当成熟且足够使用的数据集，其空间分辨率为0.3m。由于它具有较高的分辨率和丰富的地物类型，该数据集是目前最受欢迎的数据集之一，已经广泛应用于遥感影像分类等场景中。但其也存在不足之处，如在该样本库中每类地物只有100幅影像，数量较少，不能较好地拟合各个地物类型的总体特征分布。

harbor(10)   tenniscourt(20)   freeway(8)

mediumresidential(12)   overpass(14)   beach(3)

buildings(4)   beach(3)   chaparral(5)

图 2-1 UC-Merced 数据集实例图

2. SAT-4 与 SAT-6

SAT-4 和 SAT-6 数据集是由 NAIP（National Agriculture Imagery Program）基于哨兵 2 号影像采集的加利福尼亚州两个地区的农业遥感影像。涵盖了城市、农村、山区、森林等区域，共有 2.7 万张影像和对应的标签数据，像素大小为 64×64，包括工业建筑、森林、草地、道路、居民楼和河流等 10 类（图 2-2）。但是由于其单个影像块很小，导致影像内部的细节不够明显，很难反映地物的复杂构成及分布。

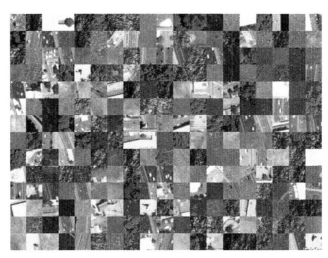

图 2-2　SAT 数据集实例图

3. WHU-RS19

Guo 等（2012）从 Google Earth 上手动采集得到 WHU-RS19 遥感影像样本库（RSD）。像素大小为 600×600，空间分辨率为 0.5m。至今该样本库已更新至第三版，共有 19 个地物类别，包括商业区、沙漠、桥梁、海滩、港口、火车站、居住区等。每个类别都包含 200 多幅航空影像，共有 5000 幅。但由于所使用的影像均在 Google Earth 收集，航摄平台五花八门，所以该样本库影像的比例尺、航摄方向、质量等方面都存在很大的差异。目前这个样本库主要用于评估各种不同场景分类方法的有效性。

4. RSSCN7

RSSCN7 遥感影像数据集是由 Zou 等（2015）从 Google Earth 上 4 个不同的尺度取样的，总共有 2800 张影像和对应的标签数据，包括丛林、绿地、农田、停车场、工业区、居住区、河流和水体 7 类地物。每一个类别都包含了 400 个像素大小为 400×400 的样本，都是在 4 个不同分辨率的 Google Earth 上各裁剪 100 幅样本组成的。尺度多样性是该数据集最突出的特点，但这也导致该数据集的产品质量差异性明显。

5. SIRI-WHU

SIRI-WHU 遥感影像样本库是由武汉大学测绘遥感信息工程国家重点实验室发布的（图 2-3），主要是从 Google Earth 上采集的城区样本数据。包括农业区、住宅区、港口、商业区、裸地、池塘、草地、河流等 12 个地物类型，每一类都包含 200 张遥感影像和其对应的样本标签，像素大小为 200×200，空间分辨率为 2m，整个样本库共有 2400 幅影像。该样本库较适用于对城区的影像进行分类。

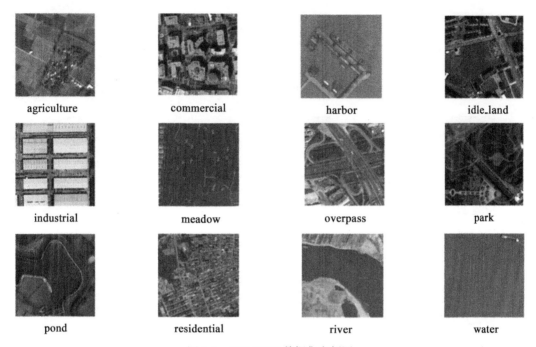

图 2-3 SIRI-WHU 数据集实例图

6. NWPU

由西北工业大学自动化学院发布的 NWPU-RESISC45，空间分辨率为每像素 0.2~30m，包含机场、棒球场、沙漠、森林、高速公路等 45 个类别，总计 31500 幅样本，像素大小为 256×256，每一类有 700 张。这是目前公开的最大体量的遥感影像分类样本库。

7. AID

AID (The Aerial Dataset) 数据集是由武汉大学遥感信息工程学院发布的较新的大型航空影像数据集。其中的样本标签数据也是利用 Google Earth 上的影像标注得到的。包括机场、裸地、山地、公园、工业区等 30 个类别，来自全世界各个国家的 600×600 像素大小的 1 万幅影像，每个类别的数量为 220~420 个，空间分辨率为 0.5~8m。该样本库的各个类别背景差异较小，大多是背景相似的建筑，所以会给建筑物精细分类带来一定的难度。另外，虽然 AID 样本库的分类体系很大，但现有的数据规模有限，且没有一套高效的数据库构建方法(Bei et al.，2016)。

8. RSI-CB

该数据集是 2017 年由中南大学地球科学与信息物理学院和武汉大学遥感信息工程学院合作，基于 Open Street Map，利用 Bing Maps 和 Google Earth 的影像构建而成。其影像空间分辨率为 0.22~3m，其中数据集收录的遥感影像像素大小为 256×256 和 128×128 两种规格。该样本库建立了严格的分类体系，共有农业用地、建筑设施用地、交通运输设施用

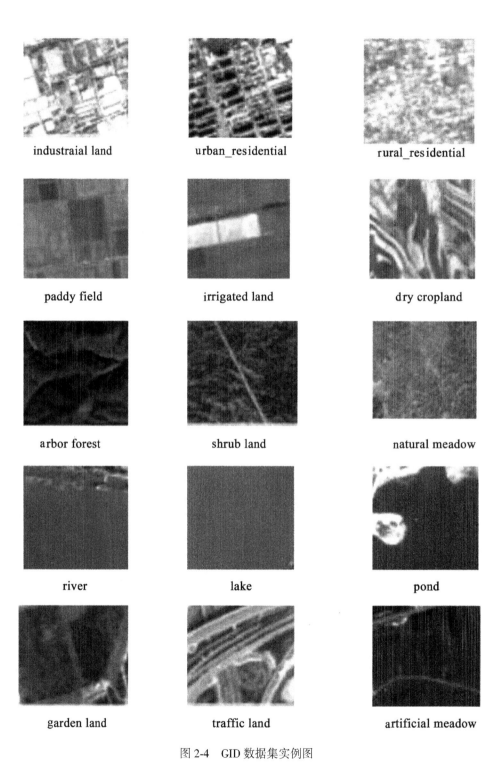

industraial land

urban_residential

rural_residential

paddy field

irrigated land

dry cropland

arbor forest

shrub land

natural meadow

river

lake

pond

garden land

traffic land

artificial meadow

图 2-4　GID 数据集实例图

地、水利水电设施用地、林地和其他用地类型六大类土地类型。其中，256×256 像素大小的数据集样本分类包含 35 个子类别，每类样本约为 690 个，一共有超过 24000 张遥感影像和与其对应的样本标签；而 128×128 像素大小的数据集则包含 45 个子类别，每类约800 个，一共有超过 36000 张遥感影像和与其对应的样本标签。由于该数据集使用开源矢量数据作为样本数据，所以该数据集的规模比其他数据集要大很多，内容也多很多，利用开源数据可以快速更新数据集的内容，保证数据集的质量。

9. GID

武汉大学 Tong 等(2010)利用高分二号卫星影像构建了一个大规模的地表覆盖样本库，命名为 GID，用于土地利用分类，具有覆盖面积大、分布广、空间分辨率高等优点。包括 15 个精细类(图 2-4)，属于 5 大类，分别是建筑用地、农田、森林、草地和水。GID由两部分组成：大尺度分类集和精细地表覆盖分类集。大尺度分类集包含 150 幅像素级标注的 GF-2 图像，来自全国 60 多个不同城市。精细地表覆盖分类集由 3 万幅多尺度图像与10 幅像素级标注的 GF-2 图像组成。每个地物类型由 2000 个样本组成。它的覆盖区域面积超过 $5×10^4 km^2$。由于地理分布广泛，GID 可以展示地物在不同地区的分布信息。

从上述应用广泛的样本库可以得出，除了 GID 以外，目前已有的遥感影像样本库的影像数据大部分来自 Bing Maps 和 Google Earth 影像，专门针对一种特定卫星的样本库较少。此外，目前现有的样本库的样本分类体系都是面向所有地物的(包括城区内与城区外)。专门服务于住建行业的针对城区的地物要素分类样本库目前依然鲜见报道。

基于此，针对基于国产高分辨率遥感影像的城市地表要素样本库缺乏的现状，本章将着力构建适合于城市地表要素的分类体系。

2.3 城市典型地物分类体系

2.3.1 影像特征

GF-2 卫星多光谱影像具有蓝色、绿色、红色和近红外的光谱范围。GF-2 卫星的影像特征信息如表 2-1 所示。通过将 GF-2 遥感影像的全色以及多光谱数据进行融合，制作高分辨率的彩色遥感影像图，完全能够满足目前样本数据制作的需求。

表 2-1 **GF-2 卫星影像波段特征信息**

传感器类型	波段数	波长(μm)	空间分辨率(m)
全色相机(2 台)	1	0.45~0.90	1(星下点 0.81)
多光谱相机(2 台)	4	蓝：0.45~0.52	4(星下点 3.24)
		绿：0.52~0.59	
		红：0.63~0.69	
		近红外：0.77~0.89	

2.3.2 分类体系

我国的各级城市人口规模不一，文化背景差异大，类型多样。各个城市的典型地物在遥感影像上的背景环境、特征类别以及地物的大小、规模、外形、颜色、光谱特征等都不一样，所以每个城市的分类都有各自的特点，需要着重考虑。同时受时相影响比较大的城市绿地，均采用植被生长期的影像进行分类参考。

考虑到数据的可获取性以及目标的可识别特征，本研究参考 OSM 现有分类体系，地理国情普查分类体系以及《中国土地利用分类标准》(GB/T 21010—2017)确定分级分类体系，如图 2-5 所示。在城市典型地物样本库的分类样本中，标注了 5 个大类：建筑物、道路、绿地、水体和桥梁。分别用红、绿、青、黄、蓝五种不同颜色进行像素级标注。不属于上述五类的区域和杂波区域被标记为背景，用黑色表示。在每个大类别下又分为多个二级类别。目前设计的五大类城市典型地物分类体系及解译标志如表 2-2 ~ 表 2-6 所示。

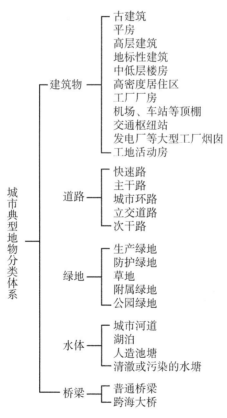

图 2-5 城市典型地物分类体系图

表 2-2   典型建筑物样本解译标志

名称		定义	判读标志	示例影像
建筑物	古建筑	古建筑是具有历史意义的建筑，主要是指近代之前的建筑，多存在于历史古都	多为橙黄色的独立房屋，中间高两边低，其周围一般人流量密集	
	地标性建筑	多指城市具有代表性的建筑，包括体育馆、博物馆等公共设施	多为单体建筑，形状多为规则圆形或矩形，占地面积较大，较为明显	
	平房	指一般屋顶为平顶的低矮住房或者砖瓦结构的一层房屋，或四合院等一层房屋	多为居民小区等住宅用地。主要特征为棋盘格状的纹理结构。建筑密度一般很高	
	中低层楼房	区别于平房，指两层或两层以上的建筑物	建筑密度比平房低，多为长方形或不规则方块，周围一般都有附属绿地	
	高层建筑	高层建筑是指建筑高度大于 27m 的建筑。包括厂房、摩天大楼和高层民用建筑	多位于城市中心和商圈，大多为矩形，在倾斜影像中多能看见建筑侧面	

续表

名称		定义	判读标志	示例影像
建筑物	高密度居住区	位于城市中密集的平房区	影像中呈现密集的、尺寸较小的、排列不规则的住宅区，多为城市中的非正规住房	
	工厂厂房	工业用生产性用房	一般分布在城市的四周，建筑尺寸较大，多为矩形或长方形，且连片分布	
	机场、车站等顶棚	公共场所防雨等顶棚	跨度比较大的构筑物，紧邻车站、机场等公共设施	
	交通枢纽站	公交、铁路等交通枢纽站建构筑物	邻近车站，占地面积大，建筑物类型单一、跨度比较大，且有多条线路与车站连通	
	发电厂等大型工厂烟囱	工业性用房	呈圆形，与其他建筑物形成明显差异，部分建筑顶部上有烟雾，多为发电厂烟囱	

名称		定义	判读标志	示例影像
建筑物	工地活动房	工地活动房是指工程进行时可方便快捷地进行组装和拆卸，临时搭建的平房	多为蓝色或橙色长条形建筑物，周围往往是大面积平地	

表 2-3　　　　　　　　　　典型道路要素样本解译标志

名称		定义	判读标志	示例影像
道路	快速路	一般是指城市中设有中央分隔带的道路，具有双向四条及以上的机动车道	较为宽大，一般能清晰看到中间的隔离带	
	立交道路	是指在两条以上的交叉道路上所形成的高度不同、层次不同、方向不同的现代化立交道路	一般在道路上方，多是长方形和圆形的组合	
	主干路	连接城市各分区的干路，多为四车道	宽度为快速路的一半，也能看见中间的防护带，周围一般有行道树	

名称		定义	判读标志	示例影像
道路	次干路	是指负责承担主干路与各分区间的交通集散作用的小型道路,与主干路相似,多为两车道	宽度为主干路的一半,道路中间无防护带或看不见,周围多为小区	
	城市环路	在城市空间中一条闭合的连续曲线,在一个城市中可以存在多条环线道路	环线状围绕城市分布,呈闭合状	

表 2-4 典型绿地要素样本解译标志

名称		定义	判读标志	示例影像
绿地	生产绿地	负责城市绿化的植物生产培育基地	包括城市周围的农田以及负责培育种子、幼苗的园圃。多具有规格的纹理特征	
	防护绿地	城市中充当隔离带的具有隔离、净化和防护功能的绿地	包括环境隔离带、道路两旁的绿地、城市高压走廊绿化带、防风林等	

续表

名称		定义	判读标志	示例影像
绿地	公园绿地	是指以休憩、游玩、放松为主要功能,具有绿化、防灾等功能的绿地	包括各类公园、动植物园等。与城市其他地物有明显的分界线	
	附属绿地	是指城市各类地物旁的附属绿化用地。主要起到调节、点缀的作用	包括各类建筑旁与其紧密相连的绿地,常与其他地物类型混淆	
	草地	城市中大面积的供人休闲娱乐的土地	包括公园中的草地和城市中的分块的草地,一般中间有零星树木存在	

表 2-5　　　　　　　　　　　　　　　　　**典型水体要素样本解译标志**

名称		定义	判读标志	示例影像
水体	城市河道	指城市内部天然或人工的河流	影像色调较深,多为规则护城河和小规模的河流。城市中的河流一般分界线明显且平滑	

续表

名称		定义	判读标志	示例影像
水体	湖泊	指城市内部天然湖泊	多在公园内,附近多为植被	
	人造池塘	以渔场或游泳池为例的规则或不规则的水池	目视不太明显,一般周围无明显地物,需要仔细观察	
	清澈或污染的水塘	无污染物或者存在一定富营养化的水塘	清澈的水体在影像中表现为单一的黑色,污染的水体由于水藻等的存在,呈现浅绿色	

表 2-6 　　　　　　　　　　　**典型桥梁要素样本解译标志**

名称		定义	判读标志	示例影像
桥梁	普通桥梁	主要指跨越河流的桥梁	长度一般为几百米,在水面之上	
	跨海大桥	主要存在于海边城市,长度区别于普通桥梁	长度一般为几千米,一般周围只有海面;一般只在几个海边城市存在,内陆城市不存在	

2.3.3 建筑物细类分类体系

针对本研究重点关注的城市建筑物，基于建筑物本身外在特征的差异性，针对建筑物高度、颜色、屋顶形状以及功能等对其进行二级类的划分，建立了一个专门服务于住建行业的建筑物分类体系。将城区范围的建筑物依据它们的特征进行分类，通过大量的地面调查以及高分辨率影像解译，构建一个符合建筑物特性的分类体系，通过建筑物的形状、颜色等特征实现对建筑物的识别，旨在将建筑物外在特征与其功能性质之间建立联系，进而为住建行业的建筑物功能分类提供有力的支持。本研究构建的建筑物特征分类体系如图2-6所示。

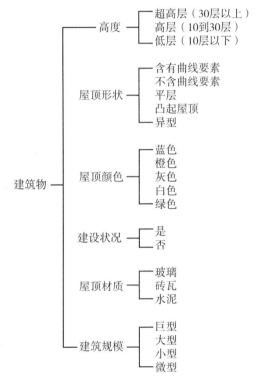

图 2-6　建筑物特征分类体系图

根据分类体系，表2-7列出一些有代表性的建筑物二级类的解译标志和示例影像。

表 2-7　　　　　　　　　　　建筑物分类体系及示例

分类标准	二级类名称	解译标志	示例影像
高度	超高层(30层以上)	多位于城市中心和商圈，大多为矩形，在倾斜影像中通常能看见本身的影子	

续表

分类标准	二级类名称	解译标志	示例影像
高度	高层(10 到 30 层)	比超高层矮，占地面积通常要大于超高层	
	低层(10 层以下)	常见于居住用地或老城区，受倾斜影像的影响较小，通常只能看见屋顶	
屋顶形状	含有曲线要素	由不规则形状组成，常见于地标性建筑	
	不含曲线要素	多为矩形，是最常见的建筑类型	
	平层	屋顶无装饰，仅为水泥地面。看上去较光滑	

续表

分类标准	二级类名称	解译标志	示例影像
屋顶形状	凸起屋顶	有明显的线条棱角痕迹。常见于欧式风格的建筑或古建筑	
	异型	多见于大型建筑，占地面积较大，一般为地标性建筑	
屋顶颜色	蓝	建筑的常见屋顶颜色，在影像上较为明显	
	橙	常见于厂房。在影像上较为突出	
	灰	多见于住房，建筑中主要的颜色	

续表

分类标准	二级类名称	解译标志	示例影像
屋顶颜色	白	多用于商用建筑，白色很有标识性	
	绿	多为一些老式的低矮建筑，一般是居民楼等	
建设状况	在建	正在施工的建筑，能看出建筑轮廓和施工痕迹	
	建成	城市中的建筑大部分为此类	
屋顶材质	玻璃	多见于商业建筑和公共建筑，有明显反光	

分类标准	二级类名称	解译标志	示例影像
屋顶材质	砖瓦	多是低矮居住建筑，例如四合院、平房等	
	水泥	常见的屋顶材质，颜色有灰色、白色、棕色	
建筑规模	巨型	多是地标性建筑或公共建筑，占地面积大，在影像上特别突出	
	大型	比巨型较小，也多见于单体建筑	
	小型	常见的有居民楼、大厦等。多为矩形	

分类标准	二级类名称	解译标志	示例影像
建筑规模	微型	常见于平房、小仓库等，多为建筑聚集地	

第 3 章　城市地表要素样本库构建方法

3.1　样本建库总体流程

影像数据和样本标签是样本库最核心的内容，因此要想管理好，必须设计科学、合理的建库流程来处理、获取影像和样本数据。本章首先获取能覆盖完整城市建成区的 GF-2 影像，一般由一景或多景影像组成，需要通过 GEOWAY 软件进行影像校正、多光谱融合等影像预处理步骤，多景影像还需进行影像拼接。然后依据城市影像进行格网样本的选取，最后依照一定的标准存储样本数据。依据该流程有利于样本库构建任务的分发和标准的统一。总体流程如图 3-1 所示。

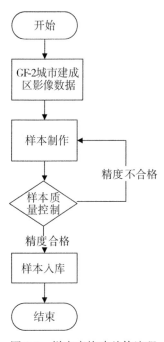

图 3-1　样本库构建总体流程

3.2　样本采集方案

目前来说，遥感影像样本采集方法主要分为基于像元的样本采集方法和面向对象的样本采集方法。前者只是利用了遥感影像的光谱特征，后者则是利用类遥感影像的纹理和形状特征，从多个角度对影像进行分割，再对每个独立的分割单元进行赋值，从而达到信息提取的要求。随着遥感影像的分辨率越来越高，地物表现越来越真实、详细。影像中的地物类型存在大量的"同谱异物""同物异谱"现象，使得这两种方法在高分辨率遥感影像信息提取的应用中受到很大的限制。本章综合利用两种方法进行样本的提取，充分利用遥感影像的各种特征对高分辨率遥感影像进行样本构建，这在一定程度上弥补了这两种方法在提取样本上出现的分类错误。

样本的建立主要包括样本及标签制作两部分。样本主要利用融合后的高分辨率多光谱数据，而标签则利用已有的开放数据与高分辨率遥感影像信息提取和解译相结合。对于可用的开放数据，需要首先通过人工的方式确定正确性后予以采用，而没有开放数据可用的城市用地类别则基于分类和手动修正相结合的方法，以保证数据的正确性。

源于城市地表的高度复杂性以及需要提取的地物类型，对于面积较大的地物类型，如水体及绿地信息的样本数据集的获取主要基于多光谱空间分辨率影像数据进行指数运算得出，而面积较小且形态多样的地物类型，如与建筑物、道路、桥梁有关的样本数据集则是基于多光谱与全色影像融合后的高分数据信息进行分割然后提取及根据修正后的信息获取。

3.2.1　透水地表样本的采集

透水地表主要包括绿地、水体等自然覆盖且具有透水特征的地表，是城市地表要素重要的组成部分。而其中绿地、水体的信息提取是通过观察 GF-2 遥感影像，能够发现大部分的绿地在影像中通常呈现深绿色，部分呈现浅绿色，纹理与色调较为单一，除去城市街道两旁的绿地，其余的分布范围较大且完整地连接在一起。而水体则在影像中呈现黑色或墨绿色、表面光滑、成自然的条状块状，城市中心的水体人造痕迹明显，除了极个别的微小水体，其他的水体信息在影像中非常明显。基于上述条件，首先参考已有开放数据，但考虑到开放数据所包含的信息有限，且细节信息无法与高分辨率影像相匹配，因此结合面向对象的分类方法，借助于 NDVI、NDWI 等指数，考虑地物的纹理、光谱以及几何信息，利用随机森林分类器，从多光谱数据中提取出绿地、水体信息。为了保证样本的精度，对分类后影像中的绿地、水体等信息进行手动修正，直到修正后的绿地、水体等信息在目视上完全正确。

样本数据集格网的建立：根据多光谱数据的空间分辨率，在覆盖城市范围的遥感影像范围内，自动生成像素大小为 1km×1km 或 2km×2km 的格网，以格网的 ID 号为区分不同格网的标志。根据城市地表的复杂程度，选择 20~25 个有代表性的格网作为样本采集的示例格网。

样本数据集的制作：根据样本格网，将分类后影像与格网进行叠加，以提取城市下垫面为绿地、水体的样本格网。借助于影像裁剪，将样本格网所覆盖区域的多光谱遥感影像及分类后数据进行裁切，裁剪后的影像格网作为绿地、水体的样本数据集。

3.2.2　不透水地表样本的采集

不透水地表是指如道路、屋顶等人造地表具有不透水特征的地面，是现代化城市最基本的组成部分。透水地表与不透水地表的比例能反映城市发展的好坏。由于不透水地表道路、桥梁以及建筑物的高度复杂性，对其进行计算机自动分类的精度有限，因此，对道路、桥梁以及建筑物样本数据集的获取则主要通过开放数据并结合手动绘制的方式进行。道路的开放数据来源于 OSM(Open Street Map)。OSM 是一款由网络大众共同打造的免费开源、可编辑的地图服务，作为 GIS 相关行业的常用数据，经常使用于各个领域。OSM 是通过召集网络上相关从业者的力量以及学者、技术人员无偿的贡献来提供实时、精确的地图数据，每天都有来自全球 230 多个国家和机构的志愿者向 OSM 上传数据。并且 OSM 是非营利性的，因此反过来，相关的从业者也能从 OSM 汇集的数据中选取自己需要的内容。所以，OSM 上的数据规模是一般数据集难以比拟的，能够全面地展示道路信息。OSM 数据由节点、路线和闭合路线三种元素组成(Haklayh，WReber，2008)。

1. 道路样本数据集的建立

(1)道路样本数据集的获取：借助于 OSM 数据和导航，结合地面调查，建立不同道路体系的道路数据，通过 OSM 上的矢量数据对各体系道路设计缓冲半径作为道路的范围，将多边形与融合后的高分辨率影像进行叠加，初步裁剪出覆盖城市范围内的道路影像数据。然后根据各条道路的实际情况，通过影像的纹理特征划分出道路和非道路地物，然后进行数据叠加、删减，去除掉不属于道路的影像数据，包括不相关的房屋、树木等。

(2)样本数据及标签数据：格网的建立方法与透水地表的格网建立方法相同，样本数据集通过格网 ID 进行裁切得到，样本标签则主要通过手动绘制的方法和 OSM 上经过校准的数据合并得到，同时也可以结合边缘检测与数学形态学的方法以减少手动绘制的工作量。

2. 桥梁样本数据集的建立

由于桥梁的辅助数据有限，因此对于桥梁数据集的建立则通过手动方法予以完成。由于其容易与道路混淆，需要知道底层地面是实地还是水体，在本研究中，规定只有水体之上的才是桥梁，其余的都按道路入库。

3. 建筑物样本数据集的建立

(1)建筑物样本数据集的获取：鉴于建筑物在色调、几何形态等方面的差异性较大。为了提高样本数据的代表性，需要通过目视的方式，从颜色、形状等方面确定城市覆盖区的范围内建筑物的主要类型，同时还可以利用其形状特征和纹理特征进行分割，利用其几何形状特征中的矩形适合度更容易提取出房屋，效果也更好。通过建立建筑物的规则矩形适合度和亮度值的范围，并且结合了边界距离分类规则，初步分出规则房屋和非规则地物，然后通过目视解译，将房屋类地物分出，同时将易与地面混淆的密集平房单独标注出来。最后针对各类型建筑物设计选择的格网进行样本数据集的建立。

(2)样本数据及标签数据：样本格网的建立方法与透水地表的格网建立方法相同，样本数据集通过格网 ID 进行裁切得到，样本标签则主要通过手动绘制的方法得到。也可以结合边缘检测与数学形态学的方法予以辅助，以减少手动绘制的工作量。

综上所述，首先依照从易到难、从简到繁的顺序建立了各个城市典型地物类型的分类规则，然后进行了城市典型地物的信息提取。根据结果好坏决定是否重新建立其他分类规则，以期获得更好的地物分类结果。通过计算机辅助人工手动修改分错的地物类型，剔除一些明显错误的地物类型分类结果，这样不仅可以提高分类的效率，也可以提升分类的效果，达到完善分类结果的目的(黄瑾，2010)。

3.2.3 样本数据的命名及存储

对于选定的格网，对其所对应的高分辨率遥感影像进行裁剪作为样本数据。而对其标签，则对格网内的地物类型识别、分类、修正后进行编码，编码方案与分类体系保持一致。其中背景值设为 0。样本数据及标签数据的数据结构为栅格，格式均为 .tif，遥感影像的坐标信息文件为 .tfw，投影信息文件则为 .xml。样本数据及标签的命名相对应，不同的格网样本数据以格网 ID 进行命名，不同的城市以名称的全拼来标识，如 ChangchunG01 和 ChangchunL01 分别表示长春市第一个格网的样本数据和标签数据，而 GuangzhouG02 和 GuangzhouL02 则表示广州市的第二个格网的样本数据和标签数据。同一个城市的样本数据及标签数据可以存储在相同或不同的文件夹中。而对于有实地考察的城市，实地照片的文件名与样本数相似，与样本数据文件不同的是，实地照片的命名是城市全拼加"PH"。如果有多张实地照片与样本数据对应，则依顺序加上序号命名，如 ChangchunPH01 和 GuangzhouPH02 分别表示长春市某一样本对应的第一张实地照片和广州市某一样本对应的第二张实地照片。

3.3 样本制作方案

样本的制作主要包括公里格网的划分和选取以及样本格网的标签制作。

3.3.1 公里格网的划分

目前已有的样本，其尺寸大小虽然从 28×28 像素到 600×600 像素均有，但都是一个固定值，影像再次分割利用的可能性有限，使得样本库的泛化性较差。同时样本数量总体偏少，大部分少于 4 万，这很难满足现在深度学习的需要。因此，本章将构建更具灵活性的样本格网。

首先目视城市的大致范围，圈出城市的轮廓。以长春市为例，以其城市外环为界限来划定需要解译的范围。利用该范围，生成 1km×1km 的格网，如图 3-2 所示。

3.3.2 代表性格网的确定

叠加影像数据，通过目视的形式，选择能够代表该区域主要地物类型的格网作为生产样本库的格网。在选择的数目上，可以按照格网总数的 10% 进行选取，根据影像的质量以及其中地物的富集程度，最终选定 20～25 个格网进行样本的制作。根据选定的格网，裁剪出格网所对应的影像数据，作为样本数据，如图 3-3 所示。

3.3.3 样本格网的标签制作

源于城区的建筑物类型多样，因此首先考虑开放数据，在开放数据的基础上进行修正，然后利用面向对象的遥感影像分类方法，通过定义不同地物的光谱特征、形状特征、

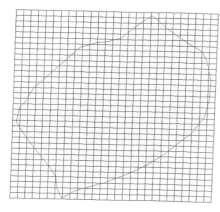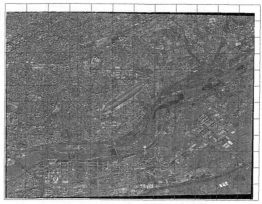

图 3-2 公里格网的划分示例

图 3-3 选定的公里格网以及对应的样本数据图

纹理特征等，粗略分出地物类型，然后对照开放数据进行调整，以作为建筑物的标签数据。由于开放数据与影像数据在坐标系、投影等方面的差异，需要首先对其进行空间配准，在 RMS 小于 0.5 像元的情况下，进行纠正。将纠正后的影像进行建筑物信息提取，最终得到建筑物的初始数据，对照影像数据，修正开放数据中的错误，修正完成后，将其转换为栅格数据，并按照分类体系进行编码，如图 3-4 所示。

利用上文的方法，分层提取绿地、水体、道路以及桥梁等信息，然后将其叠加为一个图层，最后再检查一遍，把样本数据重复的地方选出来依据真实地物类型修正，得到最后的结果，作为该格网的标签数据。格网的影像数据及标签数据如图 3-5 所示。

在选择城市公里格网时也得依据城市大小、城市发展程度、建筑物密集程度来决定公里格网大小以及代表性格网的数量。如沈阳市，就是选择了 20 个 1km×1km 的格网。而长春市，就选择了 25 个 2km×2km 的格网。同时，影像质量也会影响格网的选择，如杭州因为其主城区 GF-2 影像有云雾遮挡导致有效地物不多，一开始只能选出 19 个代表性格网。

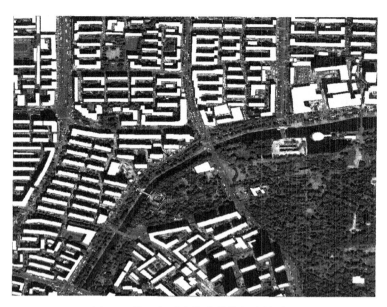

图 3-4　格网所对应的建筑物提取结果图

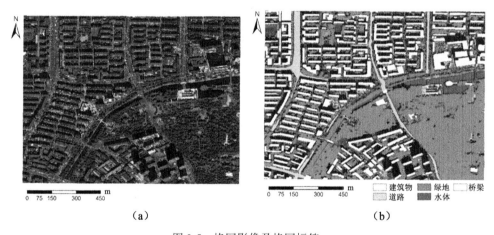

（a）　　　　　　　　　　　　　　　　　（b）

图 3-5　格网影像及格网标签

3.4　城市典型地物样本库建设

　　建立一个相对应的样本库是对相关信息资源管理最有效的办法，同时样本库的样式也需要根据目的、应用领域以及应用类别进行调整。样本库的建设主要考虑两个方面：第一，得根据需求分层级、高效地存储海量的各种格式的数据；第二，要满足相应用户对数据进行处理的基本需求，也得方便用户对样本数据各种信息的理解。

　　本次建立的城市典型地物样本库，依据现实的情况和真实的需求，参考以往样本库建设的相关规范，首先统一规范采集的地物样本标签的属性信息以及各属性所对应的格式，制定城市典型地物的编码规则，最后根据数据库结构进行元数据入库。其中，所要入库的成果分别是城市典型地物的样本影像数据、样本点矢量数据、格网范围矢量数据、样本实地照片以及城市地物的属性信息数据表，最终构建出的城市典型地物样本库如图3-6所示。

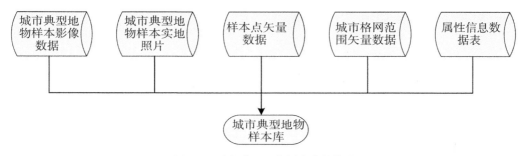

图 3-6 城市典型地物样本库的构成

3.4.1 城市典型地物样本库数据表设计

一般来说，遥感影像样本库数据包括遥感影像、对应样本的矢量数据以及各类地物的属性信息数据表。其中信息数据质检相互依赖关联，如果要将这些繁杂的信息数据存储起来，必须对这些信息进行深入的探究，掌握其中的规律特征。另外，城市典型地物样本库的建立并不是简单地将所有影像、样本等聚集存储起来，更重要的是要对样本和影像进行分类存储。如果一开始设计影像样本库的表层结构能够按照清晰的结构、简要的设计原则，就能大大提高影像数据的检索效率，不仅利于最开始系统的设计，对后期的维护也十分有益。同时保存遥感影像对应的元数据以及相应的描述信息，以便以后更好地利用样本

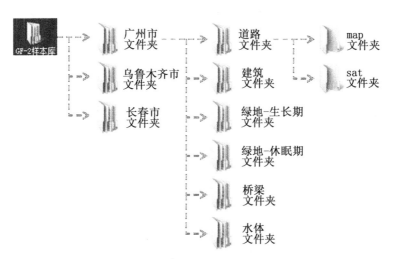

图 3-7 城市典型地物样本库结构示意图

数据。因此，在设计样本库的时候还需要考虑遥感影像的一些详细信息，如位置、拍摄时间、遥感影像平台等，以及城市典型地物属性信息数据表。本研究设计的城市典型地物样本库的基本内容含有城市典型地物样本影像数据与标签，采用城市、典型地物要素及样本三级结构进行存储，样本库存储成果如图 3-7 所示，样本库的属性信息数据表中包括样本块名称、样本块代码、样本块规格、对应城市、影像数据源、影像拍摄日期、样本块制作人、样本块制作日期、样本块质检人、样本块质检日期、存储位置以及各类样本的数量。详细的数据库结构如表 3-1 和表 3-2 所示。

表 3-1 样 本 块 表

样本库_样本块表		ZSK_YBK		
中文名称	Name	Datatype	Is PK	Is FK
样本块代码	YBKDM	char(10)	Yes	No
样本块名称	YBKMC	char(50)	No	No
样本块规格	YBKGG	char(50)	No	No
对应城市	DYCS	char(50)	No	No
影像数据源	YXSJY	char(50)	No	No
影像拍摄日期	YXPSRQ	Date	No	No
样本块制作人	YBKZZR	char(50)	No	No
样本块制作日期	YBKZZRQ	Date	No	No
样本块质检人	YBKZJR	char(50)	No	No
样本块质检日期	YBKZJRQ	Date	No	No
样本块存储文件相对路径	YBKCCWJXDLJ	varchar(200)	No	No

表 3-2 样本块成果表

样本库_样本块成果表		ZSK_YBKCGB		
中文名称	Name	Datatype	Is PK	Is FK
样本块代码	YBKDM	char(10)	Yes	Yes
建筑物数量	JZWSL	Long	No	No
道路条数	DLTS	Long	No	No
绿地图斑数量	LDTBSL	Long	No	No
水体图斑数量	STTBSL	Long	No	No
桥梁数量	QLSL	Long	No	No

3.4.2 城市典型地物样本库的构建

在确定样本的采集方法以及样本的存储格式之后，首先确认采集标签的属性信息以及各属性所对应的格式，再编制城市地物的编码规则，将所有的成果数据进行科学的存储，完成 GF-2 遥感影像城市典型地物样本库的构建。样本格网及样本块成果表入库示例如图 3-8 和图 3-9 所示。

样本块表 | 样本块成果表

样本块	样本块名	样本块规格	对应城市	影像数据源	影像拍摄日期	样本块制	样本块制作日	样本块	样本块质检	样本块存储文件相对路径
BJ01	北京01	2KM*2KM	北京	高分二号	2019-07-03	王彧婉婷	2020-01-02	张晋熙	2020-01-25	E:\Data_GF_Selected\Data_GF2\beij
BJ02	北京02	2KM*2KM	北京	高分二号	2019-07-03	王彧婉婷	2020-01-02	张晋熙	2020-01-25	E:\Data_GF_Selected\Data_GF2\beij
BJ03	北京03	2KM*2KM	北京	高分二号	2019-07-03	王彧婉婷	2020-01-02	张晋熙	2020-01-25	E:\Data_GF_Selected\Data_GF2\beij
BJ04	北京04	2KM*2KM	北京	高分二号	2019-07-03	王彧婉婷	2020-01-02	张晋熙	2020-01-25	E:\Data_GF_Selected\Data_GF2\beij
BJ05	北京05	2KM*2KM	北京	高分二号	2019-07-03	王彧婉婷	2020-01-02	张晋熙	2020-01-25	E:\Data_GF_Selected\Data_GF2\beij
BJ06	北京06	2KM*2KM	北京	高分二号	2019-07-03	王彧婉婷	2020-01-02	张晋熙	2020-01-25	E:\Data_GF_Selected\Data_GF2\beij
BJ07	北京07	2KM*2KM	北京	高分二号	2019-07-03	王彧婉婷	2020-01-02	张晋熙	2020-01-25	E:\Data_GF_Selected\Data_GF2\beij
BJ08	北京08	2KM*2KM	北京	高分二号	2019-07-03	王彧婉婷	2020-01-02	张晋熙	2020-01-25	E:\Data_GF_Selected\Data_GF2\beij
BJ09	北京09	2KM*2KM	北京	高分二号	2019-07-03	王彧婉婷	2020-01-02	张晋熙	2020-01-25	E:\Data_GF_Selected\Data_GF2\beij
BJ10	北京10	2KM*2KM	北京	高分二号	2019-07-03	王彧婉婷	2020-01-02	张晋熙	2020-01-25	E:\Data_GF_Selected\Data_GF2\beij
BJ11	北京11	2KM*2KM	北京	高分二号	2019-07-03	王彧婉婷	2020-01-02	张晋熙	2020-01-25	E:\Data_GF_Selected\Data_GF2\beij
BJ12	北京12	2KM*2KM	北京	高分二号	2019-07-03	王彧婉婷	2020-01-02	张晋熙	2020-01-25	E:\Data_GF_Selected\Data_GF2\beij
BJ13	北京13	2KM*2KM	北京	高分二号	2019-07-03	王彧婉婷	2020-01-02	张晋熙	2020-01-25	E:\Data_GF_Selected\Data_GF2\beij
BJ14	北京14	2KM*2KM	北京	高分二号	2019-07-03	王彧婉婷	2020-01-02	张晋熙	2020-01-25	E:\Data_GF_Selected\Data_GF2\beij
BJ15	北京15	2KM*2KM	北京	高分二号	2019-07-03	王彧婉婷	2020-01-02	张晋熙	2020-01-25	E:\Data_GF_Selected\Data_GF2\beij
BJ16	北京16	2KM*2KM	北京	高分二号	2019-07-03	王彧婉婷	2020-01-02	张晋熙	2020-01-25	E:\Data_GF_Selected\Data_GF2\beij
BJ17	北京17	2KM*2KM	北京	高分二号	2019-07-03	王彧婉婷	2020-01-02	张晋熙	2020-01-25	E:\Data_GF_Selected\Data_GF2\beij
BJ18	北京18	2KM*2KM	北京	高分二号	2019-07-03	王彧婉婷	2020-01-02	张晋熙	2020-01-25	E:\Data_GF_Selected\Data_GF2\beij
BJ19	北京19	2KM*2KM	北京	高分二号	2019-07-03	王彧婉婷	2020-01-02	张晋熙	2020-01-25	E:\Data_GF_Selected\Data_GF2\beij
BJ20	北京20	2KM*2KM	北京	高分二号	2019-07-03	王彧婉婷	2020-01-02	张晋熙	2020-01-25	E:\Data_GF_Selected\Data_GF2\beij
CC01	长春01	1KM*1KM	长春	高分二号	2019-09-18	张晋熙	2019-11-15	蔡国印	2019-07-12	E:\Data_GF_Selected\Data_GF2\Chan
CC02	长春02	1KM*1KM	长春	高分二号	2019-09-18	张晋熙	2019-11-15	蔡国印	2019-07-12	E:\Data_GF_Selected\Data_GF2\Chan
CC03	长春03	1KM*1KM	长春	高分二号	2019-09-18	张晋熙	2019-11-15	蔡国印	2019-07-12	E:\Data_GF_Selected\Data_GF2\Chan

图 3-8　样本块入库示例

样本块表 | 样本块成果表

样本块代码	建筑物数量	道路条数	绿地图斑数	水体图斑数	桥梁数量
BJ01	2138	15	1118	11	2
BJ02	2822	16	1315	15	1
BJ03	2925	20	1540	12	1
BJ04	2182	21	1342	13	2
BJ05	2884	15	1321	16	2
BJ06	2778	16	1560	12	1
BJ07	2490	23	1254	15	1
BJ08	2657	19	1503	10	1
BJ09	2706	17	1108	14	2
BJ10	2226	19	1447	11	2
BJ11	2298	23	1465	10	1
BJ12	2929	22	1189	13	1
BJ13	2741	16	1279	12	2
BJ14	2252	15	1113	12	2
BJ15	2792	22	1582	10	1
BJ16	2688	19	1087	12	2
BJ17	2616	22	1594	15	1
BJ18	2347	15	1235	13	2
BJ19	2697	19	1218	13	2
BJ20	3150	44	1383	34	1
CC01	339	3	266	1	0
CC02	448	2	302	1	0
CC03	377	5	310	2	0
CC04	408	3	287	2	0

图 3-9　样本块成果入库示例

3.4.3　城市典型地物样本库成果统计

基于本研究所设计的地表要素分类体系和确定的构建规则以及构建流程，一共完成包含 400 多个 1km×1km 和 2km×2km 格网、来自全国 20 个主要城市的高质量 GF-2 影像，如图 3-10 所示。20 个城市名称及对应的典型地物的统计信息如表 3-3 所示。

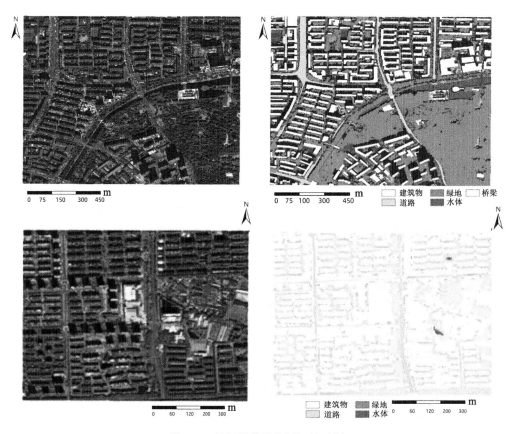

图 3-10　格网影像及格网标签示例

表 3-3　样本库成果统计表

城市名称	格网数量（个）	格网尺寸（km）	建筑物（个）	道路（条）	绿地（图斑）	水体（图斑）	桥梁（座）	总计
北京	20	2×2	52318	398	26653	273	30	79672
长春	25	1×1	10253	88	7428	43	0	17812
长沙	20	1×1	15780	163	7948	44	0	23935
成都	20	1×1	6732	235	13870	47	0	20884
福州	20	1×1	8280	66	12270	107	9	20732

续表

城市名称	格网数量（个）	格网尺寸（km）	建筑物（个）	道路（条）	绿地（图斑）	水体（图斑）	桥梁（座）	总计
广州	20	1×1	14340	113	13799	85	6	28343
海口	20	1×1	34768	48	13627	84	4	48531
景德镇	20	1×1	48367	28	2683	472	0	51550
兰州	20	2×2	45785	125	12358	85	13	58366
南昌	20	2×2	18722	279	12548	566	0	32115
南京	20	1×1	5739	192	14296	103	0	20330
重庆	20	2×2	33742	168	14256	98	2	48266
深圳	20	2×2	50710	241	42578	125	4	93658
遂宁	20	1×1	6118	42	7483	144	7	13794
太原	20	2×2	24753	38	8546	109	3	33449
天津	20	2×2	26499	32	32551	171	3	59256
沈阳	20	1×1	5378	289	8203	31	12	13913
厦门	20	1×1	6131	189	15729	56	2	22107
西宁	20	1×1	4403	60	12053	55	11	16582
杭州	20	2×2	32501	185	12545	104	3	45338

从表 3-3 可以看出，在各类城市中，建筑物以及绿地图斑的信息采集量比较大，而道路、水体及桥梁的采集量则相对偏少，尤其是桥梁信息。这主要与城市中的地表要素构成有关，也与所选择的样本格网有关。

3.5 基于 ArcPy 的自动建库工具

Python 是一种面向对象的高级程序设计语言，是结合了解释性、编译性、互动性的脚本语言，它省去了编译与链接的过程，能够减少程序开发的时间。Python 由于其交互式特性，使得测试它的各种功能和发布程序变得非常方便。具有开源代码和丰富的模块等特性，可以通过 ArcGIS 软件的脚本工具进行开发（田学志，2013）。从 ArcGIS 9.0 版本开始，可以选择 Python 脚本语言进行编程以实现自动化处理，这使得数据操作过程更加简便以及处理数据的工作环境更加自动化。基于 Python 语言编程可以实现自动批量规模的空间数据处理。由于 Python 语言操作简单、功能完善，当 Python 调用 ArcGIS 软件中自带的函数来处理内容复杂而规模巨大的数据时，它可以减少大量的重复性劳动，达到节省人力和物力，并提高工作效率的目的。

城市典型地物样本库的样本采集和存储是一项巨大而又繁杂的工作，需要耗费大量的人力、物力，如原始影像的裁剪、数据存储入库等过程都极其耗时，而操作人员长时间进行繁琐的体力劳动就很有可能导致操作失误。因此，本研究尝试利用 Python 语言进行批量化处理以减少工作量。

通过 ArcGIS 建立的 Python 站点包 ArcPy，可以对遥感影像进行自动化、批量化裁剪，减少工作量和有可能出现的错误。通过 Python 来编写相应的脚本文件，处理思路是通过遍历矢量图层中的所有要素，然后按照要素裁剪栅格，并利用矢量文件中的字段名称一一为之命名。主要步骤为：首先利用 ArcGIS 创建自定义 ArcToolbox 工具，之后添加一个新的脚本工具，使之能够与 Python 文件互相关联，其中可根据自己的需要调整参数，最后选取编写的 Python 代码文件创建自己所需的自定义工具(陈思思等，2014)。本工具的关联脚本参数设置如图 3-11 所示，参数可以默认，也可按照图 3-11 将参数均设为可选选项，方便重复使用。

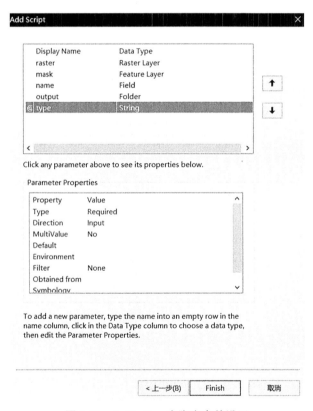

图 3-11　ArcToolbox 中脚本参数设置

以上脚本通过矢量文件裁剪的影像依照选取的字段进行存储命名，批量处理矢量数据区域的影像，自动化裁剪影像、编号以及入库。总的来说，基于 ArcPy 的城市典型地物样本库建设，确实提高了样本裁剪以及储存时的速度，能够对多种地物类型样本进行批量化处理，在很大程度上减少了时间和人力成本。

3.6 样本精度检验

在进行城市典型地物样本信息提取过程中，由于城市地表的高度复杂性和遥感影像的不确定性，使得提取得到的城市典型地物样本要素存在一定的误差，势必会限制所提取地物要素在以后的应用。因此通过对基于深度学习提取的地物要素进行精度评定，可以明确所提取信息的精度信息，从而了解分类结果的实用性。

由于在样本选取的时候，桥梁样本数据较少，且桥梁与道路存在严重的混淆，因此只针对建筑物、道路、绿地、水体四类要素进行验证。

建筑物：是指在 GF-2 遥感影像中，基于目视解译可以识别出的人工建造的住宅、办公楼、商场、酒店、影剧院、工厂厂房等各类民用建筑和工业建筑等。

道路：是指在 GF-2 影像中可以目视识别出的城市道路中的快速路、主干路、次干路和部分支路，不包含一些居住区内的单行道等道路。

绿地：是指在 GF-2 影像中可以目视识别出的各种绿地，包括公园绿地、居住区绿地、生产绿地以及防护绿地等。

水体：是指在 GF-2 影像中可以目视识别出的河流、湖泊、水塘等。

3.6.1 精度评定方法

1. 基于误差矩阵精度检验方法

地表覆盖遥感产品精度的评定方法随着科技的进步由单一发展为多元化。精度评价的方法通常分为两大类：一类是主要通过人工目视解译的定性精度评价方法（黄恩兴，2010）；另一类则是定量的精度评价方法。目前应用较广泛的精度评定方法包括基于误差矩阵精度评定方法、模糊精度评定方法。本研究利用样本的真实结果和分类结果建立误差矩阵，计算出样本数据的用户精度、制图精度、总体精度以及 Kappa 系数等精度指标。

1）误差矩阵

误差矩阵是常用来评价样本精度的一种标准格式。误差矩阵是 $n \times n$ 的矩阵格式，其中类别的数量为 n，一般可表达为以下形式，如表 3-4 所示。样本数可以为像元数目或者分割对象数目[63]。

矩阵的主对角元素（x_{11}，x_{22}，…，x_{nn}）是被分到正确类别的样本数，而其他的元素则为遥感分类相对于参考数据的错误分类数[64]。其中，x_{ij} 是分类数据中第 i 类和参考数据类型第 j 类的分类样本数；$x_{i+} = \sum_{j=1}^{n} x_{ij}$ 为分类所得到的第 i 类的总和；$x_{+j} = \sum_{i=1}^{n} x_{ij}$ 为参考数据的第 j 类的总和；N 为评价样本总数。

基于误差矩阵，可以统计一系列评价指标对样本分类提取的结果进行评价，基本的评价指标如下。

（1）总体分类精度（Overall Accuracy，OA）：

$$OA = \frac{\sum_{k=1}^{n} x_{kk}}{N} \tag{3-1}$$

表 3-4　　　　　　　　　　　　　误差矩阵表

	参考影像					
	类　型	1	2	…	n	行总计
被评价影像	1	x_{11}	x_{12}	…	x_{1n}	x_{1+}
	2	x_{21}	x_{22}	…	x_{2n}	x_{2+}
	⋮	⋮	⋮	⋮	⋮	⋮
	n	x_{n1}	x_{n2}	…	x_{nn}	x_{n+}
	列总计	$x+1$	$x+2$	…	$x+n$	N

总体分类精度是具有概率意义的一个统计量，等于被正确分类的像元总和除以总像元数。它显示出被分类到正确地表真实分类中的像元数。

（2）用户精度（对于第 i 类，User Accuracy，UA）：

$$UA = \frac{x_{ii}}{x_{i+}} \qquad (3\text{-}2)$$

用户精度表示从分类结果中随机取出一个样本，它的类型与实际类型相同的条件概率，是正确分到某类中的样本总数与整个影像中被分到该类的像元个数总和的比例。

（3）制图精度（对于第 j 类，Producer Accuracy，PA）：

$$PA = \frac{x_{jj}}{x_{+j}} \qquad (3\text{-}3)$$

制图精度表示分类器将整个影像正确分为一类的像元数与该类真实参考样本点总数的比例。土地利用分类中常用的属性精度即为制图精度。

2）Kappa 系数

上述的各种指标虽然能很好地表征分类精度，但是对于一些地物数量不平衡的分类影像来说，其值受到数量较多的地物的影响较大，因此这些值就不是非常正确，不能很好地表示分类精度。Kappa 分析是一种定量评价遥感分类图与参考数据之间一致性或精度的方法，它采用离散的多元方法，更加客观地评价分类质量，克服了误差矩阵过于依赖样本和样本数据的采集过程。Kappa 系数属于比较特殊的精度评价指标，用来表示两个地图之间的一致程度。Kappa 系数的公式如下所示：

$$Kappa = \frac{N\sum\limits_{i=1}^{n} x_{ii} - \sum\limits_{i=1}^{n}(x_{i+}x_{+i})}{N^2 - \sum\limits_{i=1}^{n}(x_{i+}x_{+i})} \qquad (3\text{-}4)$$

式中，n 是误差矩阵中的总列数（即总的类别数）；x_{ii} 是误差矩阵中第 i 行、第 i 列（主对角线）上样本数量，正确分类的样本数目；x_{i+} 和 x_{+i} 分别是第 i 行和第 i 列的样本总量；N 是用于精度评估的样本总量。Kappa 系数取值范围为 $[-1, 1]$，越接近 1 说明一致性越好。

2. 基于评价指标精确率、准确率、召回率、交并比的精度评定

将分类后的结果与地面真实数据进行逐像素的计算，借助于评价指标计算示意表(表3-5)进行评价指标的计算。

表3-5　　　　　　　　　　　　　　评价指标计算示意表

		预　测	
		正样本(1)	负样本(0)
实　际	正样本(1)	TP	FN
	负样本(0)	FP	TN

表3-5中，1和0分别代表正例和负例，TP为把正的样本判断为正的数目，称为真正例；TN为把负的样本判断为负的数目，称为真负例；FP为把负的样本判断为正的数目，称为假正例；FN为把正的样本判断为负的数目，称为假负例。基于分类结果的正确与否，可以计算如下4个指标。

精确率(Precision)：衡量正样本的分类准确率，就是说被预测为正样本的样本有多少是真的正样本。

准确率(Accuracy)：衡量所有样本被分类准确的比例，主要表征的是整体预测正确的比例。

召回率(Recall)：表示分类正确的正样本占总的分类正确样本的比例，该值越高，表明提取结果中目标被提取得越全。

交并比(IoU)：表示提取结果与真实值交集和并集的比值，用来衡量结果与真实值的重合度。

基于上述评价指标计算示意图，各评价指标的计算公式为

$$\text{Precision} = \frac{TP}{TP+FP}$$

$$\text{Accuracy} = \frac{TP+TN}{TP+FP+TN+FN}$$

$$\text{Recall} = \frac{TP}{TP+FN}$$

$$\text{IoU} = \frac{TP}{TP+FN+FP}$$

(3-5)

3. 模糊精度评定方法

在对遥感分类数据进行精度评定中，对样本数据进行精度评定通常会选择参考数据。但是由于分辨率的问题存在混合像元，通常会出现的情况是某个单一像元内却对应多种地物类型，从而使样本分类精度检验结果产生偏差。针对这个问题，解决的办法通常是将该像元定义为面积较大的地物类型，但这种做法使结果具有很大偏差，因此，学者基于此提出了模糊精度检验方法。模糊精度的检验方法是借助模糊集理论提出的一种基于模糊精度

的检验方法，它被用来处理和解决混合像元的情况，这种检验方法主要是将模糊集的分类精度划分为 5 类中的语义精度和标准尺度，再由专家和学者对其中各类语义精度的标准值进行计算和分析，从而可以获得其相应的模糊隶属度，再用模糊推理的计算方法可以得到模糊集分类结果的误差信息。

考虑到基于混淆矩阵的精度评定在遥感产品质量评定应用中的广泛性，本研究基于误差矩阵的方法对样本进行精度评定。

3.6.2 城市典型地物样本精度评定方法实证分析

考虑到城市的代表性，本研究选取了分别位于我国北部、中部和南部的沈阳、成都和厦门作为验证城市。通过格网抽样、影像目视解译、城市典型地物要素绘制、构建误差矩阵等过程完成对抽样格网的精度评定。技术路线如图 3-12 所示。

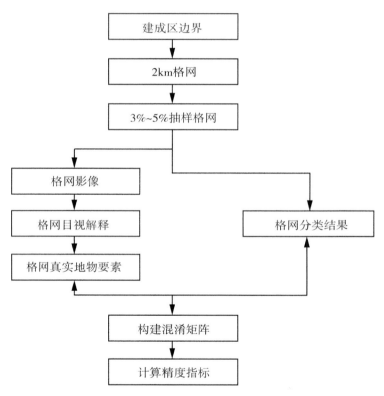

图 3-12　城市典型地物样本精度验证技术路线图

其中，城市建成区主要指通过遥感影像能分辨出城市与农村之间的边界内的区域。在建成区内部通常为各类城市建筑物、城市绿地以及公共基础设施等，密集程度很高。本研究参考了清华大学 2020 年发布的 2018 年城市建成区边界（GUB）数据以及 Sentinel-2A（S2）数据，通过波段合成，以目视解译的形式，借助于手动调整，得到城市建成区边界，图 3-13 为沈阳市的城市建成区边界。

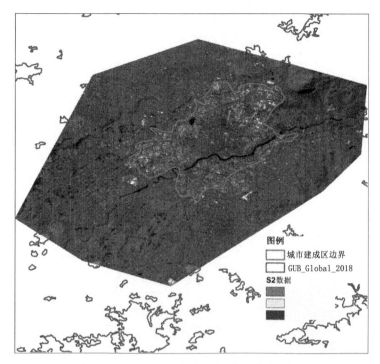

图例

□ 城市建成区边界
□ GUB_Global_2018

S2数据

图 3-13　基于多源数据提取的城市建成区边界

同时考虑到 GF-2 影像数据的高分辨率特征，基于样本点的精度验证不能很好地说明信息提取的产品精度，因此，本次测试采用格网验证的形式。

首先，在城市边界范围内建立 2km×2km 的公里格网，从中随机抽取 3%~5% 的格网，其中城市面积较大的区域采用 3% 的格网抽样，城市面积较小的区域采用 5% 的格网抽样，得到本次测试的验证格网。

其次，在验证格网内，基于 GF-2 影像数据进行波段假彩色合成后，以目视解译结合 NDVI 指数的方式获取格网的真实地物信息。

建筑物：根据建筑物的定义，本研究的目标主要是城市中的各类建筑物信息，包括城市中的工业建筑以及民用建筑等。建筑物主要通过手工绘制的形式获取。所绘制的建筑物是面积大于等于 5×5 个像素的建筑物。

道路：考虑到基于影像识别的道路受限于地表的复杂程度，格网真实性解译时主要对城市中的快速路、主干路、次干路进行手动绘制，宽度小于 5m 的、在影像上小于 10 个像素的道路没有解译。此外，考虑到树木遮挡对道路提取的影响严重，在受道路两旁高大树木遮挡的道路没有绘制。

水体：由于城市中存在不同光谱特征的水域，基于水体指数的水体提取精度有限，很难用于水体的真实性检验。本测试水体是基于目视解译的方式手工绘制而成。主要的绘制对象包括格网中的河流以及湖泊、水塘等，最小图斑为 3×3 个像素。

绿地：首先计算植被指数，参照遥感影像，交互式地确定 NDVI 阈值，提取城市中的植被信息。借助于数学形态学闭运算，去除所提取植被信息中的孔洞，同时消除面积小于 5×5 个像素的绿地碎屑图斑。

根据得到的真实地表要素数据以及样本库数据构建混淆矩阵，计算各种精度评定指标。

1. 沈阳的城市典型地物要素验证

从城市边界范围格网中按 3%~5% 进行抽样，得到沈阳地区的抽样格网分布以及城市的高分二号影像和所提取的城市典型地物类型，如图 3-14 所示。

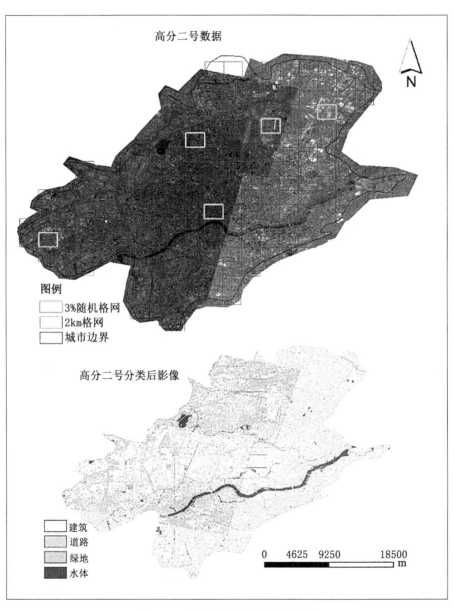

图 3-14　沈阳的抽样格网及分类图

所抽取的 5 个格网中，格网 1 所对应的原始 GF-2 影像数据、解译的真实数据以及分类数据如图 3-15 所示，精度验证结果如表 3-6 所示。

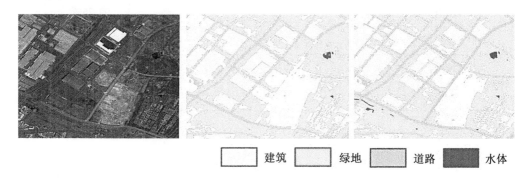

建筑　　　绿地　　　道路　　　水体

图 3-15　格网 1 的 GF-2 标准假彩色合成影像、验证数据和参考数据

表 3-6　　　　　　　　　　　　　　格网 1 的精度验证结果

格网 1	制图精度	用户精度
建筑	96.43%	94.97%
道路	70.46%	96.76%
绿地	98.74%	85.62%
水体	95.28%	99.04%
总体精度	93.32%	
Kappa	0.9064	

格网 2 的影像及精度验证结果如图 3-16 和表 3-7 所示。

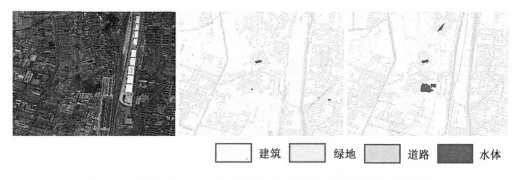

建筑　　　绿地　　　道路　　　水体

图 3-16　格网 2 的 GF-2 标准假彩色合成影像、验证数据和参考数据

表 3-7   格网 **2** 的精度验证结果

格网 2	制图精度	用户精度
建筑	91.51%	99.76%
道路	78.05%	86.66%
绿地	97.83%	71.69%
水体	71.64%	92.54%
总体精度	91.91%	
Kappa	0.81	

格网 3 的影像及精度验证结果如图 3-17 和表 3-8 所示。

建筑　　　绿地　　　道路　　　水体

图 3-17　格网 3 的 GF-2 标准假彩色合成影像、验证数据和参考数据

表 3-8   格网 **3** 的精度验证结果

格网 3	制图精度	用户精度
建筑	91.88%	94.04%
道路	68.61%	95.66%
绿地	98.36%	85.37%
总体精度	92.96%	
Kappa	0.8059	

格网 4 的影像及精度验证结果如图 3-18 和表 3-9 所示。

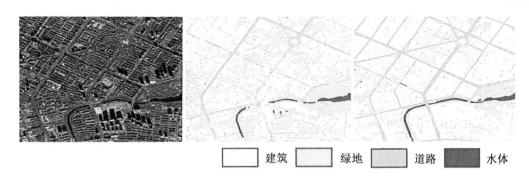

图 3-18　格网 4 的 GF-2 标准假彩色合成影像、验证数据和参考数据

表 3-9　　　　　　　　　　　　　**格网 4 的精度验证结果**

格网 4	制图精度	用户精度
建筑	91.65%	96.32%
道路	64.66%	96.45%
绿地	97.11%	76.48%
水体	71.02%	93.02%
总体精度	88.31%	
Kappa	0.814	

格网 5 的影像及精度验证结果如图 3-19 和表 3-10 所示。

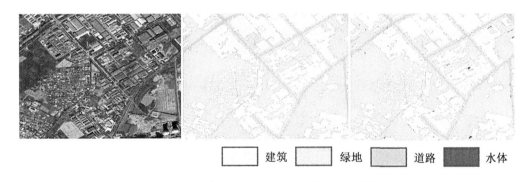

图 3-19　格网 5 的 GF-2 标准假彩色合成影像、验证数据和参考数据

表 3-10　　　　　　　　　　　　　**格网 5 的精度验证结果**

格网 5	制图精度	用户精度
建筑	84.82%	97.87%
道路	94.05%	86.61%

续表

格网 5	制图精度	用户精度
绿地	96.51%	78.95%
总体精度	90.2709%	
Kappa	0.6648	

以上 5 个格网的精度验证结果显示，建筑物、道路、绿地、水体均合格。

2. 成都的城市典型地物要素验证

从城市边界范围格网中按 3%~5% 进行抽样，得到成都建成区的抽样格网分布以及城市的高分二号影像和所提取的城市典型地物类型，如图 3-20 所示。

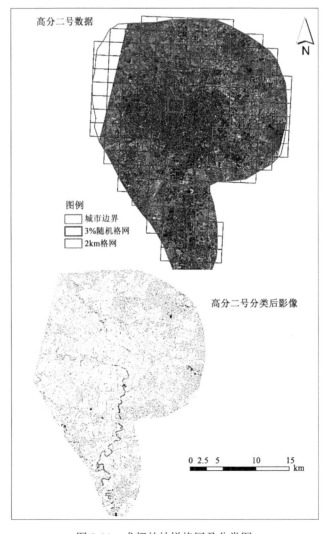

图 3-20　成都的抽样格网及分类图

所抽取的 4 个格网中，格网 1 所对应的原始 GF-2 影像数据、解译的真实数据以及分类数据如图 3-21 所示，精度验证结果如表 3-11 所示。

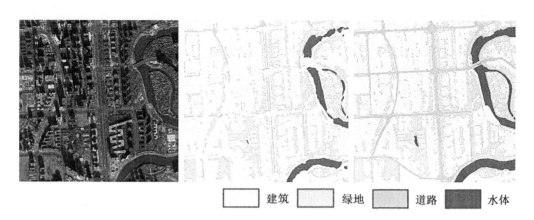

| 建筑 | 绿地 | 道路 | 水体 |

图 3-21　格网 1 的 GF-2 标准假彩色合成影像、验证数据和参考数据

表 3-11　　　　　　　　　　　　　　**格网 1 的精度验证结果**

格网 1	制图精度	用户精度
建筑	97.79%	92.7%
道路	69.65%	91.04%
绿地	95.1%	95.79%
水体	94.06%	95.12%
总体精度	94.54%	
Kappa	0.8969	

格网 2 的影像及精度验证结果如图 3-22 和表 3-12 所示。

表 3-12　　　　　　　　　　　　　　**格网 2 的精度验证结果**

格网 2	制图精度	用户精度
建筑	95.21%	94.79%
道路	82.96%	97.88%
绿地	97.33%	94.82%
水体	94.38%	93.31%
总体精度	95.06%	
Kappa	0.9135	

格网 3 的影像及精度验证结果如图 3-23 和表 3-13 所示。

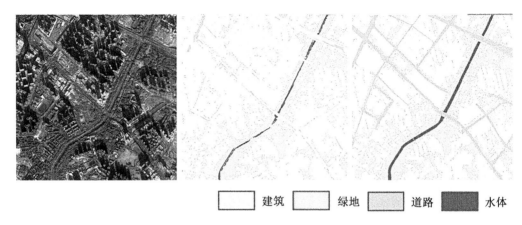

建筑　　　绿地　　　道路　　　水体

图 3-22　格网 2 的 GF-2 标准假彩色合成影像、验证数据和参考数据

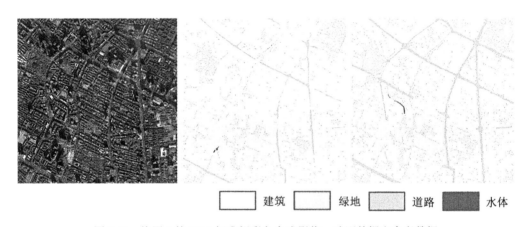

建筑　　　绿地　　　道路　　　水体

图 3-23　格网 3 的 GF-2 标准假彩色合成影像、验证数据和参考数据

表 3-13　　　　　　　　　　　　　　　格网 3 的精度验证结果

格网 3	制图精度	用户精度
建筑	98.53%	98.09%
道路	90.28%	92.13%
绿地	95.09%	96.81%
水体	96.62%	77.97%
总体精度	96.33%	
Kappa	0.939	

格网 4 的影像及精度验证结果如图 3-24 和表 3-14 所示。

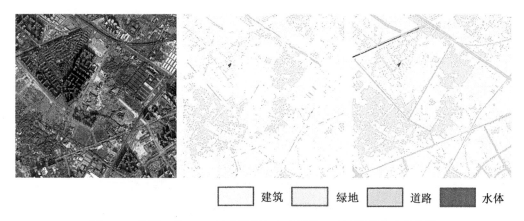

建筑　　绿地　　道路　　水体

图 3-24　格网 4 的 GF-2 标准假彩色合成影像、验证数据和参考数据

表 3-14　　　　　　　　　　　　　**格网 4 的精度验证结果**

格网 4	制图精度	用户精度
建筑	90.85%	95.68%
道路	74.35%	92.43%
绿地	99.89%	92.9%
水体	78.23%	89.27%
总体精度	93.84%	
Kappa	0.8906	

以上 4 个格网的精度验证结果显示，建筑物、道路、绿地、水体均合格。

3. 厦门的城市典型地物要素验证

从城市边界范围格网中按 3%~5% 进行抽样，得到厦门建成区的抽样格网分布以及城市的高分二号影像和所提取的城市典型地物类型，如图 3-25 所示。

在所抽取的 4 个格网中，格网 1 所对应的原始 GF-2 影像数据、解译的真实数据以及分类数据如图 3-26 所示，精度验证结果如表 3-15 所示。

表 3-15　　　　　　　　　　　　　**格网 1 的精度验证结果**

格网 1	制图精度	用户精度
建筑	97.79%	92.7%
道路	59.65%	91.04%
绿地	95.1%	95.79%
水体	94.06%	95.12%

续表

格网 1	制图精度	用户精度
总体精度	94.54%	
Kappa	0.8969	

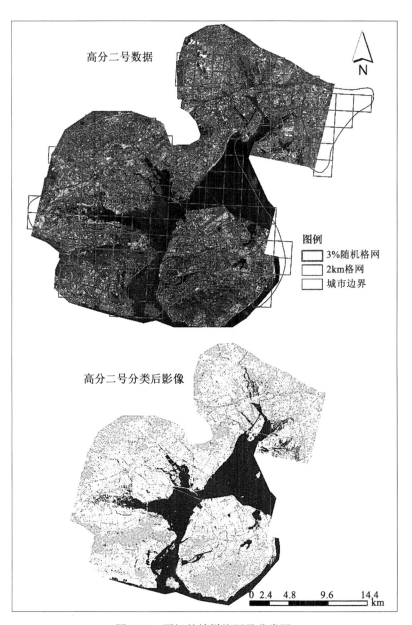

图 3-25　厦门的抽样格网及分类图

格网 2 的影像及精度验证结果如图 3-27 和表 3-16 所示。

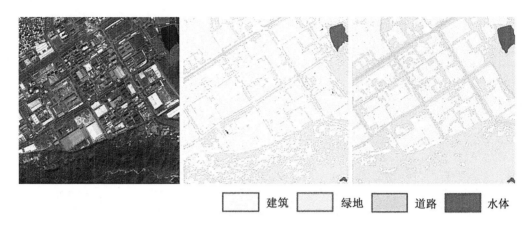

建筑   绿地   道路   水体

图 3-26   格网 1 的 GF-2 标准假彩色合成影像、验证数据和参考数据

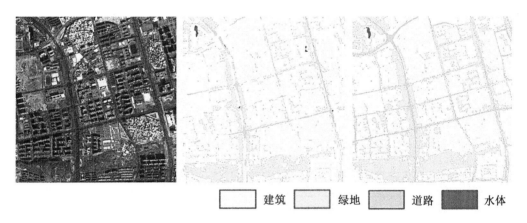

建筑   绿地   道路   水体

图 3-27   格网 2 的 GF-2 标准假彩色合成影像、验证数据和参考数据

表 3-16 　　　　　　　　　　**格网 2 的精度验证结果**

格网 2	制图精度	用户精度
建筑	97.36%	98.39%
道路	74.27%	91.37%
绿地	96.62%	91.25%
水体	88.38%	80.86%
总体精度	94.63%	
Kappa	0.9079	

格网 3 的影像及精度验证结果如图 3-28 和表 3-17 所示。

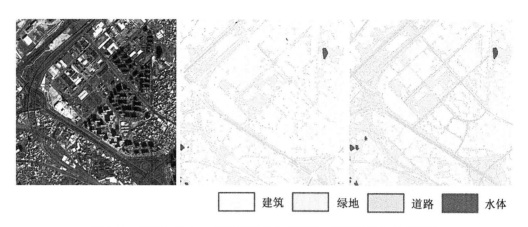

图 3-28　格网 3 的 GF-2 标准假彩色合成影像、验证数据和参考数据

表 3-17　　　　　　　　　　　　　　格网 **3** 的精度验证结果

格网 3	制图精度	用户精度
建筑	95.26%	94.13%
道路	67.35%	96.26%
绿地	95.66%	87.7%
水体	81.04%	87.91%
总体精度	91.37%	
Kappa	0.8576	

格网 4 的影像及精度验证结果如图 3-29 和表 3-18 所示。

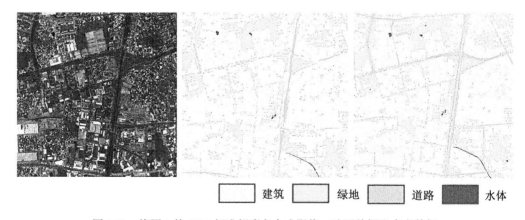

图 3-29　格网 4 的 GF-2 标准假彩色合成影像、验证数据和参考数据

表 3-18	格网 4 的精度验证结果	
格网 4	制图精度	用户精度
建筑	85.95%	99.53%
道路	79.35%	87.74%
绿地	98.34%	79.8%
水体	78.22%	86.93%
总体精度	90.11%	
Kappa	0.8439	

以上 4 个格网的精度验证结果显示,建筑物、道路、绿地、水体均合格。

3.7 样本的可视化管理

为了推进 GF-2 卫星城市典型地物样本库建设,形成灵活应用和可持续积累的能力,我们对网络化的样本可视化方法进行改造扩展,使相关人员可以通过网络接口,高效、准确地完成多种高分辨率数据的样本获取、存储以及更新,减少样本库的使用困难,提高使用效率,持续积累样本信息,为全国建成区地表要素制图、建筑信息提取等提供基础支持。为了节省人力工作,同时考虑到技术可行性以及软件的轻量性,采用基于 OpenLayers 的 WebGIS 的开发框架、B/S 架构、开源的 GeoServer,完成城市典型地物样本库可视化系统。系统前后端均采用 JavaScript 语言编写实现(吴绍华等,2017)。技术框架如图 3-30 所示。

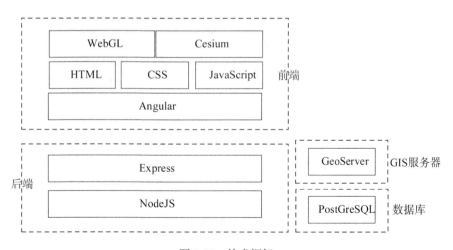

图 3-30 技术框架

3.7.1　基于 WebGIS 的可视化方法

Web 端的开发目的就是为城市典型地物样本库提供在线可视化平台，系统前端技术主要包括 JavaScript、OpenLayers、Cesium、Angular、CSS、HTML。主要的功能包括上传遥感影像样本，并对遥感影像和对应的样本进行科学合理的管理和利用。

1. AngularJS 框架

在 2009 年创建的 AngularJS 是一个 JS 框架。Angular 框架最核心的特点就是 MVVM、语义化标签和模块化等功能。它能够按照自己的需求对 HTML 进行拓展，将 HTML 与数据绑定在一起。最关键的是 Angular 也能通过自己的内置命令来提高前端数据的处理能力，从而减少编程的难度，也能提高前端开发效率（王贯飞，2014）。Angular 的编译器直接使用了 DOM 模板，因此在我们编写过程中就返回一个连接函数（linkfunc），会与域中的数据模型进行连接，然后生成一个实时更新的视图。直接就能够更新当前的界面，不用再进行额外的操作，而且这样进行操作不会使用到 innerHTML 属性，用户能够随意输入，不会因为别的原因而受到影响。Angular 的指令能够绑定行为操作。通过 Angular 生成的 DOM 元素以及数学函数都能够简单获取，引用 DOM 不会使得数据合并，不会产生不可预测的变化。由于数据和模板的双向绑定，不用再进行复杂庞大的 DOM 操作。它最终的发布形式是 JS，因此可以直接加入网页中。AngularJS 的特点就是数据双向绑定，它不用大量的代码编写就可以对所需要的数据进行同步，这能够节约许多开发时间。

总的来说，Angular 是一个不错的框架，因为它包含的内容很全面，功能很全，所需要的一些功能，如模板及数据双向绑定的特性、模块化的服务等都是全面的。

2. CSS

CSS（Cascading Style Sheets），是一种用来给 HTML 添加各种样式的计算机语言（David，2010）。它能够对网页进行排版，能很好地把控各个细节，对网页模型样式进行编辑。采用 CSS 进行页面布局有以下几个优点。

（1）符合 W3C 标准。这使得用 CSS 编写的网站具有良好的兼容性，能够确保网页的正常显示，同时也能确保在今后的网络应用升级之后网站还能够正常显示。

（2）可以实现页面样式和展示的分离。将文件单独存放可以把网页样式分离出来，不仅能够使网页长期存在，也提高了页面的浏览速度（车元媛，2011）。

（3）提供了优秀的扩展性。CSS 能够在 Web 浏览器和手机浏览器等移动端上应用。

3. OpenLayers

可视化平台的重点就是可视化界面，所以如何将遥感影像和其对应的样本更直观、简洁地展示出来是重点考虑的问题。本研究利用了组件式 Web 开发，采用 Angular 框架与 OpenLayers 相结合的开发模式，这样不仅能更有效地展示遥感影像，对于编写来说也更加简单。

OpenLayers 是一个基于 JavaScript 语言、开源的 WebGIS 前端开发工具，给浏览器客户端提供地图显示功能，显示多源地图数据，同时还提供了操作地图数据的功能。OpenLayers 已经具有相当成熟的社区，所以目前 OpenLayers 成为许多 WebGIS 开发者的不二选择，是当下最流行的地图数据展示开发框架之一（郭明强，2016）。

OpenLayers 的工作原理是将多源图层看作一个地图容器，其中 Map(地图)类、Layer (图层样式)类以及 Source(地图图层数据源)类、地图操作方法等都是核心内容。

利用 OpenLayers 能够解决遥感影像在地图上的贴合问题，同时能够实现遥感影像与地图的同步展示，从而达到可视化的目的。

3.7.2 基于 NodeJS 服务端开发

城市典型地物样本库可视化平台后台服务器开发主要采用 NodeJS+Express 技术来实现。

1. NodeJS 技术平台介绍

NodeJS 技术是基于 Chrome V8 引擎的 JavaScript 运行平台，最早由 Ryan Dahl 于 2009 年 5 月发布。V8 引擎执行 JavaScript 的速度非常快。过去，JavaScript 一直都是基于客户端浏览器的脚本，只能通过浏览器才能运行。然而 NodeJS 提供了一种在服务器运行 JavaScript 的方法。NodeJS 使得 JavaScript 具备了脱离浏览器的执行能力。同时由于 NodeJS 技术具有非阻塞的特点，使得由 NodeJS 技术开发出来的程序具有高并发、高 I/O、高性能的优势。NodeJS 自带有许多功能的 JavaScript 模块库，我们可以利用这些工具库来简化 Web 应用的开发。

在 NodeJS 技术出现之前，JavaScript 代码只能在 Web 前端发挥作用。而后端通常是由 Java、Python 等语言开发，使得在网站软件编写上需要成员掌握两种编程语言。而基于 NodeJS 平台，JavaScript 语言能进行后端开发，从而使得 Web 应用只需使用一种编程语言。

NodeJS 初期，主要是借助 Connect 等中间框架来完成开发。Express 作为 NodeJS 平台上最早的框架之一，经过多年的发展，性能非常稳定，生态系统也很完整。因此选择 Express 作为后端的开发框架。

2. 基于 Express 的服务器开发

Express 是依赖于 NodeJS 平台的 Web 应用开发框架。Express 的框架在扩展了 NodeJS 的 HTTP 模块的 Connect 中间件的同时，额外增加了 HTTP 服务器创建、服务器的 URI 映射处理、托管静态资源以及 session 会话管理和分发等功能，使得对 Web 应用进行开发会非常快速和简单。

同时 Express 框架的拓展机制可以很轻松地加入其他功能，通过一行代码、一行命令就能快速生成一个 Express 框架的基础模板，这使得开发者能很方便地使用。另外，由于 Express 能够很方便地加载 NodeJS 数据库模块，这使得基于 Express 的后台服务器具有很强的获取数据能力。这一特性使得本书设计的城市典型地物样本库能够很容易地被访问。

3.7.3 样本库可视化的实现

1. 系统架构

本系统命名为"城市典型地物样本库可视化系统"，采用了 B/S 结构，结合 WebGIS 框架、数据库技术，实现在线数据解译和入库。系统架构如图 3-31 所示。

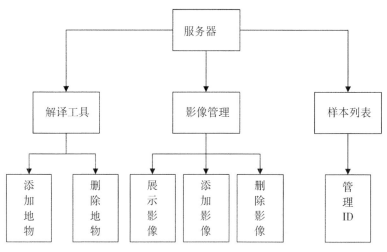

图 3-31　系统架构

2. 系统功能展示

1）主框架窗口

样本可视化网站是为了让相关人员更快地获取所需要的样本，所以需要尽量让用户快速、准确地获得信息，并保持页面的整洁；同时还需减少操作次数、使用障碍，提高效率。主框架窗口内所有控件按功能使用的步骤划分，可以分为四组，完整页面如图 3-32 所示。

图 3-32　网站主页面

（1）底图切换，查看不同影像的数据，以便获得自己想要的遥感影像。

（2）样本集、样本块列表，用于显示需要的样本 ID。

（3）搜索工具，能直接搜索到想要的样本区域。

（4）解译工具栏，主要包含解译内容绘制、修改、删除按钮和图像增强、波段组合等功能按钮。

2）样本列表

主框架窗口中的样本列表用样本集 ID 和样本块 ID 表示样本信息，其中样本块对应实际样本数据，样本集对应样本块所在城市，如图 3-33 所示。

图 3-33 中，左侧为样本集，每一个样本集内都包含不同的样本块，当用户登录之后，会获取用户对应的样本集，选中某一样本集时，系统会自动获取当前样本集对应的样本块信息，并更新页面；选中样本块时，会获得该样本块的遥感影像数据，并更新位置。

3）底图控件

不同的在线影像地图，由于其成像时间、角度的不同，对同一片地区会有不同的显示效果。在选择样本的过程中，选择成像效果最好的影像进行参考，同时对比不同的影像数据，可以提高解译的准确率。所以在底图部分，我们支持多种在线的影像地图，用户可以根据需要进行切换。底图控件和其支持的影像如图 3-34 所示。

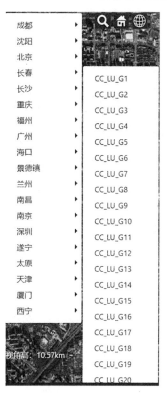

图 3-33　样本列表

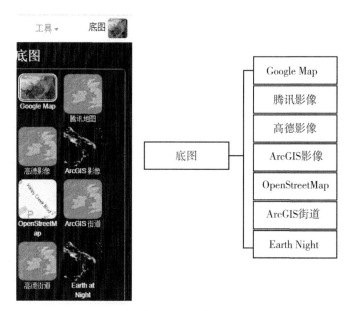

图 3-34　底图控件及其支持图层

4）样本解译模块

样本解译主要包括当前解译数据获取、添加解译内容、解译结果的修改和解译结果的删除四个部分。

解译数据获取的流程图如图 3-35 所示，主要是根据用户选择的样本集和样本块信息，从数据库中检索样本集 ID、样本块 ID，获得当前对该数据的已解译信息，并在前端进行渲染。

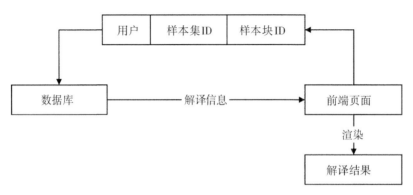

图 3-35 解译数据获取流程

添加解译结果部分，主要分为绘制矩形和多边形。解译的流程为选中矩形绘制或多边形绘制，然后就可以根据影像描绘出地物的轮廓；等绘制结束，会弹出地物类型的选择框，确定地物类型之后，解译的斑块位置信息、地物类型信息等都会自动保存到数据库中。流程如图 3-36 所示。

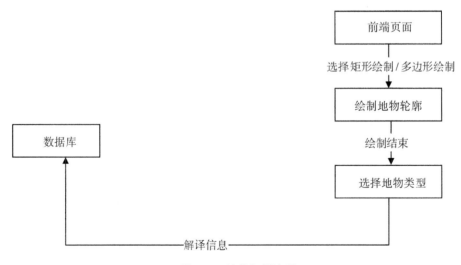

图 3-36 地物解译流程

样本解译的修改，则包括两方面：一是只修改解译结果的形状；二是同时修改解译结果的形状和地物类型。修改解译结果如图 3-37 所示。

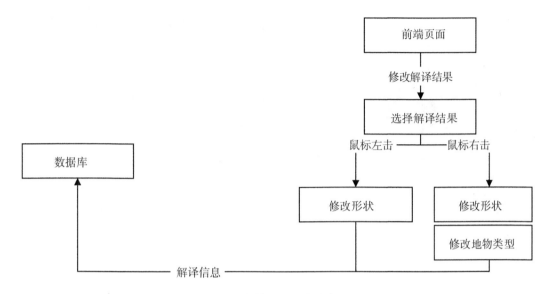

图 3-37　修改解译结果流程

解译结果的删除，仅需选中删除按钮，再选择解译结果，就可以在前端页面和数据库处同时删除解译信息，流程如图 3-38 所示。

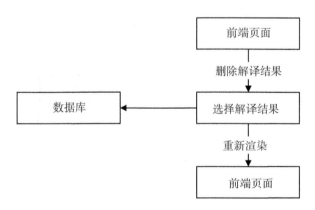

图 3-38　删除解译结果流程

5) 影像的增强和波段组合显示

为了更好地进行影像选取，我们提供了波段组合和一些常见的图像增强算法。波段组合主要是通过选择 R、G、B 三个通道对应的波段，来着重突出一些地物，根据地物的光谱信息特点，更好地区分出地物。

对于 4 波段的影像数据（影像数据的四个波段分别对应蓝色波段、绿色波段、红色波段和近红外波段），通过不同的波段组合得到的显示结果如图 3-39 所示。

（a）RGB 波段321通道组合显示结果

（b）RGB 波段421通道组合显示结果

（c）RGB 波段341通道组合显示结果

（d）RGB 波段324通道组合显示结果

图 3-39　不同波段组合影像

　　图像增强算法则是为了能够让图像适应不同人的观察认知习惯，使用数值映射算法获得不同显示效果。原始数据的范围一般为 0～10000 的整数，显示设备所能显示的为 0～255 数值。对数据的每个波段分别使用映射算法转换后，使得最后的影像以 RGB 彩色图像呈现。线性拉伸为直接的线性映射，即当前图像的最小值→最大值直接线性映射为

[0，255]。直方图匹配，即标准的直方图均衡化算法，只是从当前双字节数据范围转换到[0，255]的单字节范围。同时还有 Gamma 变换，这些都是为了能更好地显示影像，通过选择不同的增强方式，可以得到的影像如图 3-40 所示。

（a）Normalize增强

（b）Histogram增强

（c）Gamma Value增强(Value=2)

（d）Gamma Value增强(Value=0.5)

图 3-40　不同算法增强影像

第4章 多特征参与决策的全卷积神经网络构建

全卷积神经网络对于图像语义分割任务有着独特的结构，能够兼顾目标的语义和位置，出色地完成图像端到端的像素级预测。一般，用于语义分割的全卷积神经网络是将输入图像通过网络前向传播层层提取特征信息，将最后一层特征层用于输入分类器进行分类。这样的全卷积网络在最终分类时只利用了最后一级特征，并没有充分利用网络其他层的特征。高分辨率影像中建筑物的信息复杂，本研究尝试在提取高分辨率影像中的建筑物时利用尽可能多的特征，因此以 U-Net 为基础模型设计了一种多级特征参与决策的全卷积神经网络。将用于输入分类器的特征层称为决策层，具体是将网络中多个层级的特征经过处理融合到决策层中，得到多级特征参与决策的全卷积神经网络。

4.1 深度学习与卷积神经网络

深度卷积神经网络模仿了生物神经网络(Fukushima，Miyake，1982)的结构，其独特的模式和学习方式在图像的语义分割、信息提取、模式识别等任务上表现出良好的性能。卷积神经网络与深度学习二者之间是从属关系，即卷积神经网络是深度学习理论中用于处理图像的一类算法集合。

4.1.1 从深度学习到卷积神经网络

深度学习概念的提出源于人类对人工神经网络(毛健等，2011)的深入研究，是机器学习中的一类方法，它是由含有多个隐层的多层感知机(韩玲，2004)组成的结构，能够接收图像、声音、文本等数据的观测值并通过其内部结构的运算，输出学习结果。"深度"类似生物大脑中神经元的多层信息传递，经过信息的抽象、整合、处理和学习，网络能够获得代表某类事物的高级抽象特征，达到对目标的认识和识别。理论上，越深的网络，其对事物的学习更有效(Simonyan，Zisserman，2014)。

深度学习能够应用于很多领域，如图像识别、语音识别、文本翻译、目标检测等。深度卷积神经网络是其中专门用来处理图像数据的一类算法。深度卷积神经网络的原理模仿了生物的视觉神经系统从局部特征到整体特征认识事物的过程，"卷积"类似生物视觉神经系统中感受野(Hubel，Wiesel，1962；卢泓宇等，2017)的概念(在生物视觉通路上，任何一个神经元的输出都依赖于多个神经元的输入，影响该神经元的多个神经元的全体就是该神经元的感受野)。与传统人工神经网络不同，卷积神经网络将感受野抽象为卷积核，通过卷积核与图像的局部连接和权值共享，大大减小了神经网络的计算量和内存。近年来，深度卷积神经网络在图像识别、语义分割、目标检测等众多领域均取得了较传统方法更加优异的成果。

图像分类是深度卷积神经网络中最基础的任务，通常每张图像上包含一个目标，因此每张图像对应一个常量标签，卷积神经网络通过一系列的卷积和池化操作提取特征图，这个过程叫作图像下采样(或降采样)。训练好的卷积神经网络可以在下采样过程学习到图像中目标的高级抽象特征，最终通过一个或几个全连接层将特征图展为一维的特征向量，并通过网络尾端的一个分类器将特征向量映射为常量标签或条件概率。利用深度学习进行图像分类任务中最重要的一步是网络对图像多级特征的学习，多级特征学习是深度学习中的核心，越高级的特征在通常情况下对应尺寸越小的特征图。许多其他深度学习图像任务使用的网络都是基于这种下采样的网络结构，因此图像分类的卷积神经网络结构是许多其他深度学习图像任务网络结构的基础，一个高效的图像分类的卷积神经网络模型可以作为许多其他图像任务网络结构的预训练模型来使用。

与图像分类不同，语义分割任务是对图像的每个像素分类，进而达到对整张图像上不同目标的分割。在语义分割领域，来自加利福尼亚大学伯克利分校的 Jonathan Long 等在2014 年创造的全卷积神经网络(FCN)成为当年最先进的语义分割技术，继而各国学者们又研究出更多用于图像语义分割的深度神经网络，如 U-Net、SegNet 等。全卷积神经网络属于卷积神经网络中的一类算法集合，由于其利用卷积层等效代替了全连接层，使得网络中全部为卷积层，因而叫作全卷积神经网络。

4.1.2 卷积神经网络的内部结构

一个完整的卷积神经网络需要有几类层构成，主要包括卷积层、池化层、全连接层、激活层等(图 4-1)。卷积层是网络的核心层，它负责特征提取；池化层是网络下采样结构的关键，它可以使输入图像的尺寸迅速缩小，从而减小内存占用和特征冗余；全连接层可以将网络最终学习到的特征图映射为一个高维特征向量，作为分类器的输入；激活层将可训练层的输出通过一个非线性函数达到对某些神经元的抑制；同时也可以增强网络的非线性表达能力。

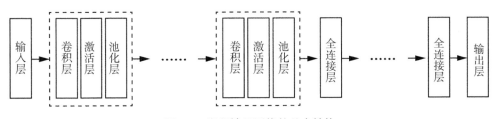

图 4-1　卷积神经网络的基本结构

1. 卷积层与反卷积层

卷积层是卷积神经网络结构中的核心部件，它通过一个小尺寸的带权卷积核与网络前向传播中的输入层以滑动窗口的方式做卷积运算，能够完成对输入数据的特征提取。这个小尺寸的带权卷积核相当于生物视觉系统中的感受野，它与输入数据的局部区域做卷积运算生成新的神经元，实现了卷积层输出与输入的稀疏连接。卷积神经网络在同一层卷积运算中使用共同的卷积核，即相同权重的卷积核在输入图像上做滑动窗口卷积，这叫作权值共享。由于同一个卷积核提取的是同一类特征，一般情况下不考虑输入图像的区域差异，因此在输入图像数据的所有区域使用相同的卷积核。权值共享使得卷积神经网络中的参数量大幅下降，这可以有效地改善传统人工神经网络学习训练数据时的过拟合现象。

反卷积(Li et al.，2018)可以看作卷积的逆运算。图 4-2 所示为一卷积运算过程，假设卷积的输入数据为单通道图像，尺寸为 $N \times N$，$N = 4$，输出数据的尺寸为 $n \times n$，$n = 2$，使输入值与一个 3×3 的卷积核做卷积运算，图中输出值 b_i 与输入值 a_j 的关系可表示为式(4-1)。

$$\begin{cases} b_1 = w_1 a_1 + w_2 a_2 + w_3 a_3 + w_4 a_5 + w_5 a_6 + w_6 a_7 + w_7 a_9 + w_8 a_{10} + w_9 a_{11} \\ b_2 = w_1 a_2 + w_2 a_3 + w_3 a_4 + w_4 a_6 + w_5 a_7 + w_6 a_8 + w_7 a_{10} + w_8 a_{11} + w_9 a_{12} \\ b_3 = w_1 a_5 + w_2 a_6 + w_3 a_7 + w_4 a_9 + w_5 a_{10} + w_6 a_{11} + w_7 a_{13} + w_8 a_{14} + w_9 a_{15} \\ b_4 = w_1 a_6 + w_2 a_7 + w_3 a_8 + w_4 a_{10} + w_5 a_{11} + w_6 a_{12} + w_7 a_{14} + w_8 a_{15} + w_9 a_{16} \end{cases} \tag{4-1}$$

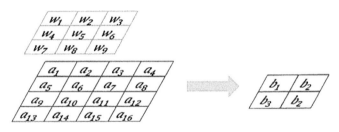

图 4-2　卷积运算示意图

卷积运算可以转换成矩阵相乘运算，将 $N \times N$ 尺寸的输入图像的数组展开成 $N^2 \times 1$ 的向量 $\boldsymbol{X}^{\mathrm{T}} = (a_1, a_2, a_3, \cdots, a_{16})$，将 $n \times n$ 尺寸的输出数组展开成 $n^2 \times 1$ 的向量 $\boldsymbol{Y}^{\mathrm{T}} = (b_1, b_2, b_3, b_4)$，那么通过一个形状为 $n \times N$ 且包含卷积核权重的矩阵 $\boldsymbol{C}$，可以得到：

$$\boldsymbol{Y} = \boldsymbol{C}\boldsymbol{X} \tag{4-2}$$

其中，$\boldsymbol{C}$ 可以表示为

$$\boldsymbol{C} = \begin{pmatrix} w_1 & w_2 & w_3 & 0 & w_4 & w_5 & w_6 & 0 & w_7 & w_8 & w_9 & 0 & 0 & 0 & 0 & 0 \\ 0 & w_1 & w_2 & w_3 & 0 & w_4 & w_5 & w_6 & 0 & w_7 & w_8 & w_9 & 0 & 0 & 0 & 0 \\ 0 & 0 & 0 & 0 & w_1 & w_2 & w_3 & 0 & w_4 & w_5 & w_6 & 0 & w_7 & w_8 & w_9 & 0 \\ 0 & 0 & 0 & 0 & 0 & w_1 & w_2 & w_3 & 0 & w_4 & w_5 & w_6 & 0 & w_7 & w_8 & w_9 \end{pmatrix} \tag{4-3}$$

式(4-2) 就将卷积运算转化成矩阵运算，矩阵 $\boldsymbol{C}$ 的权重排列方式可以使式(4-2) 达到与卷积运算相同的结果。

反卷积被定义为卷积的反向过程，公式为

$$\boldsymbol{X}' = \boldsymbol{C}^{\mathrm{T}}\boldsymbol{Y} \tag{4-4}$$

反卷积最初被用来可视化卷积神经网络，因为 $\boldsymbol{C}^{\mathrm{T}}$ 和 $\boldsymbol{Y}$ 的矩阵相乘结果反映了输入图像每个像素在卷积运算中被利用程度的大小。反卷积可以逐步还原图像尺寸，并不像反池化那样成倍地扩大图像尺寸。而且反卷积含有可训练的参数，这一特性使它能够很好地运

用在上采样网络结构中，配合反池化及其他结构完成图像尺寸的还原。

2. 池化层与反池化层

图像在经过卷积层后会输出高维特征层，卷积神经网络一般随着前向传播会得到维度越来越高的特征层，庞大的数据量会造成计算量大和数据冗余，因此一般在卷积层后加池化层，它能够使得特征图的尺寸在卷积神经网络的前向传播中不断缩小，成倍地减少网络中的数据量。池化层是通过将池化窗口在图像上按一定步长滑动，并按一定数学规则从窗口中获取一个值作为新的像素代替窗口中的原有像素，一般有均值池化和最大池化等形式。均值池化是取池化窗口中像素的均值作为新的像素值，最大池化是取池化窗口中的最大像素值作为新的像素值。另一方面，随着卷积神经网络的前向传播中对池化层的不断使用，可以使得特征图的尺寸持续地成倍缩小，卷积核可以从中计算更大尺度范围的特征，这对于卷积核获取高级抽象特征具有促进作用。

池化层可以成倍地缩小前向传播中特征图的尺寸，反池化则能够使图像的尺寸快速还原，反池化一般应用于全卷积网络的上采样部分。反池化可以看作池化的逆过程，但池化过程中造成了数据信息的丢失，因而反池化无法完全还原数据信息。一般有两种形式的反池化，如图4-3所示，第一种形式 a 将神经元的值赋予反池化后该神经元对应的每个神经元；第二种形式 b 是在池化时记录了每个池化窗口中最大值对应的位置，在反池化过程中将神经元的值赋予对应位置的神经元，其他位置的神经元值为0，这种反池化形式在一定程度上还原了数据的位置信息。

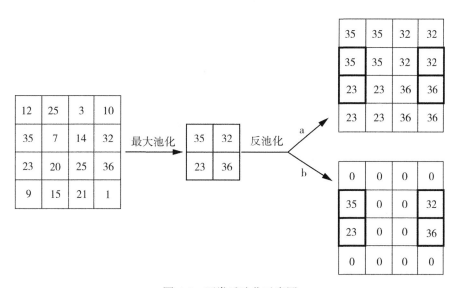

图4-3 两类反池化示意图

3. 激活层

单层卷积层可以表示一个输入和输出的线性方程，多层卷积层表示这些线性方程的线性组合，可以在一定程度上拟合一个非线性函数。但输入数据中包含的海量特征信息使得仅使用多层卷积拟合非线性函数的效率有限，因此增强卷积神经网络的非线性表达能够使模型更好地对输入数据中的信息进行拟合（刘小文等，2019）。通常的做法是将每层卷积的输出经过一个非线性函数，可以得到一个非线性输出，连接非线性函数的层叫作激活层，对应的非线性函数叫作激活函数。激活层是有效增加网络非线性的方式之一，处理图像的卷积神经网络模型中常用的激活函数有 ReLU、sigmoid、tanh 等（图 4-4）。

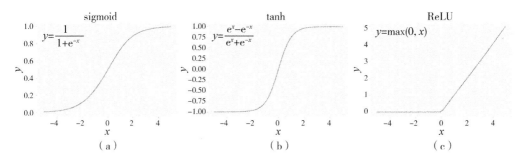

图 4-4　几种激活函数曲线图

　　sigmoid 和 tanh 激活函数如图 4-4（a）和（b）所示，它们的输出值区间分别为（0，1）、（-1，1），这两个激活函数的输出值 y 随着输入值 x 的绝对值增大会逐渐趋于输出值的区间边界，由于函数两边比较平缓，使得在误差反向传播中激活函数的梯度随着输入值绝对值的增大会越来越小，这不利于网络参数的更新。图 4-4（c）为 ReLU 激活函数的曲线图，该激活函数通过抑制全部的负数输入值，使得网络变得稀疏，可以在很大程度上提高网络模型的计算效率。在输入值大于 0 的情况下，ReLU 函数为 $y=x$ 的线性函数，它的导数是常数 1，因此网络模型在训练多次之后，依然能有较大的梯度使模型参数继续更新。

　　当卷积神经网络用于分类时，网络的输出元素一般为（0，1）区间的概率值。sigmoid 和 softmax 两个激活函数可以将卷积神经网络的输出值压缩为（0，1）之间的概率值，因此被广泛用于基于卷积神经网络的图像分类中，其中 sigmoid 用于二分类输出，softmax 用于多分类输出。

4. 全连接层

　　全连接层位于卷积神经网络末端几层，连接在最后一层卷积层之后。与卷积层不同，全连接层丢弃了卷积层输出特征图中含有的空间信息，将二维特征图或三维特征图数据展成一维向量。与卷积层的稀疏连接方式不同的是，全连接层的每个神经元都与前一层所有神经元构成连接关系，因此其参数量远大于卷积层。

　　由于全连接层只接受固定数量神经元的输入，因而含有全连接层的卷积神经网络只能接受固定尺寸图像的输入，这限制了卷积神经网络在其他图像任务中的应用。在一些应用中，使用一定的卷积层对全连接层进行等效替代，可以使卷积神经网络在接收输入数据的形状上变得更加灵活。全连接层向卷积层的转化如图 4-5 所示，假设全连接层前连接一个 7×7×1 卷积层输出数据，经过将其神经元重新排列可以得到一个 49×1 的特征向量，该过程通过一个 7×7×49 的卷积核对其进行卷积运算，可以得到等效于全连接层的一个 1×1×49 的卷积输出；假设第二层全连接层为一个 n×1 的特征向量，通过对 1×1×49 的卷积输

出与 $1{\times}1{\times}n$ 的卷积核做卷积运算，即可得到等效于该全连接层的一个 $1{\times}1{\times}n$ 的卷积输出，这样就实现了全连接层向卷积层的转化。

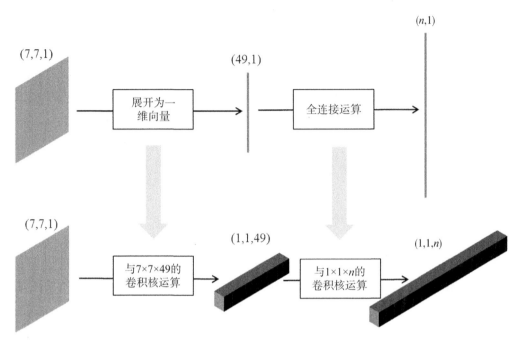

图 4-5 全连接层向卷积层的转化

4.1.3 卷积神经网络的学习机理

卷积神经网络中各部件的组合构成了网络的前向传播过程，网络的输入 X、输出 Y 及其中的参数集 θ 可表示为下述公式：

$$Y = F(X, \theta) \tag{4-5}$$

卷积神经网络是通过对大量带标签的训练数据集做监督训练，在每次迭代学习中更新网络参数 θ，使网络模型前向传播的输出不断向原始数据的真实标签拟合。总体来说，卷积神经网络的学习训练或拟合过程可以概括为两个方面，即损失函数和误差的反向传播。卷积神经网络的拟合过程可以理解为通过误差的反向传播理论使网络损失函数达到最小的过程。损失函数是用来衡量原始数据经过卷积神经网络前向传播的输出与该原始数据对应的真实标签之间的误差，一般不同的任务会用到不同的损失函数。误差的反向传播则是更新网络参数的过程，它根据预测值与真实值算得的误差对损失函数求网络参数变量的梯度，并通过链式求导法则，沿着与前向传播相反的方向逐步求得网络各层级参数的梯度，将梯度作为网络参数更新的依据，并通过不断地迭代更新以优化网络与训练数据的拟合结果。

1. 损失函数

损失函数也叫代价函数，在深度学习模型中可以用来估量模型预测结果与真实值之间的不一致性（Chen et al.，2016）。网络模型的损失值越大，则模型对数据的拟合效果就越差，因此卷积神经网络的训练拟合过程即是损失函数的最小化过程。深度学习可以解决分类和回归两大类问题，不同的损失函数适用于不同的深度学习任务。对于回归问题，深度学习模型的预测值 $f(x)$ 和真实值 y 都属于实数，一般会基于真实值和预测值的残差 $y - f(x)$ 针对不同的回归任务构造各种损失函数，常用的损失函数有平方损失函数、平方根损失函数、绝对值损失函数等；对于分类问题，真实值 y 和模型预测值 $f(x)$ 不属于同一类数值，前者是代表数据类别的标量或向量，而后者则是一个概率值，因此不能基于残差构造分类问题的损失函数，通常基于 $y \cdot f(x)$ 的形式构造分类问题的损失函数，常用的有对数损失函数、0 - 1 损失函数、指数损失函数等。深度卷积神经网络通常以批量梯度下降的模式来更新参数，每个批量中都包含一定数目的样本数据集，其中损失值为该批量数据损失值的均值，设损失函数为 $l(x)$，批量梯度下降中损失值的计算公式如式(4-6) 所示，其中 N 为该批量数据的样本量。

$$L(\theta) = \frac{1}{N} \sum_{i}^{N} l(x^i) \tag{4-6}$$

2. 梯度下降与反向传播

深度卷积神经网络可以简单地用式(4-5) 表示，假设输入值 X 对应的真实标签值为 Y'，那么可以用损失函数 $L(F(X, \theta), Y')$ 来表示深度卷积神经网络模型的输出值的误差，训练模型的目的则是要找到使得模型输出值的误差最小的参数 θ。通常解决该问题的办法是通过数值方法求出使偏导数 $\frac{\partial L}{\partial \theta}$ 为 0 时所对应的 θ 值，但是深度卷积神经网络中的参数包括权重及偏置，多层网络中参数总量非常多，因此难以求出所有参数的偏导数。而梯度下降方法则可以通过多次迭代不断使网络参数向梯度的反方向更新，最终使得网络的输出值的误差接近最小。设 α 为区间(0, 1) 之间的学习率，$\nabla L = \left(\frac{\partial L}{\partial \theta_1}, \cdots, \frac{\partial L}{\partial \theta_m} \right)$ 表示梯度向量，定义参数的变化量为

$$\nabla \theta = - \alpha \nabla L \tag{4-7}$$

则迭代一次参数的更新为

$$\theta' = \theta + \nabla \theta \tag{4-8}$$

参数的更新方向与梯度方向相反，随着网络参数值不断向最优值更新，梯度 ∇L 则越来越小，参数变化量也越来越小，网络输出误差值变化量：

$$\Delta L = \nabla L \cdot \Delta \theta \tag{4-9}$$

也会越来越小，则网络参数接近最优值。

梯度下降需要计算出每个网络参数的偏导数，但由于深度卷积网络模型中参数量巨大，难以直接求得每个参数的偏导数。假定 X 是网络模型的输入层，Y 为网络模型的输出层，将网络反向传播中的隐藏层依次记为 X_1，X_2，$\cdots$，X_n，每层之前的参数记为 θ_1，θ_2，$\cdots$，θ_n，θ_{n+1} 是输入层 X 之后的参数，其中

$$X_i = f_{i+1}(\theta_{i+1}, X_{i+1}) \tag{4-10}$$

深度卷积神经网络模型可以表示成各层的复合函数形式：

$$Y = f_1(\theta_1, f_2(\theta_2, f_3(\theta_3, \cdots f_{n+1}(\theta_{n+1}, X)))) \tag{4-11}$$

θ_i 的偏导数即可通过链式求导法则计算：

$$\frac{\partial L}{\partial \theta_i} = \frac{\partial L}{\partial f_1} \frac{\partial f_1}{\partial f_2} \cdots \frac{\partial f_{i-1}}{\partial f_i} \frac{\partial f_i}{\partial \theta_i} \qquad (4\text{-}12)$$

卷积神经网络后一层通常由前一层先经过卷积线性运算，再经过非线性激活函数得到，将相邻层的计算公式进一步具体为

$$X_{i-1} = a(z(\theta_i, X_i)) \qquad (4\text{-}13)$$

式中，a 表示非线性激活函数；z 表示线性卷积运算，则

$$Y = f_1(\theta_1, f_2(\theta_2, f_3(\theta_3, \cdots f_{i-1}(\theta_{i-1}, a(z(\theta_i, X_i)))))) \qquad (4\text{-}14)$$

$$\frac{\partial L}{\partial \theta_i} = \frac{\partial L}{\partial f_1} \frac{\partial f_1}{\partial f_2} \cdots \frac{\partial f_{i-1}}{\partial a} \frac{\partial a}{\partial z} \frac{\partial z}{\partial \theta_i} = \frac{\partial L}{\partial a} \frac{\partial a}{\partial z} \frac{\partial z}{\partial \theta_i} \qquad (4\text{-}15)$$

$\frac{\partial z}{\partial \theta_i}$ 和 $\frac{\partial a}{\partial z}$ 可以很容易算出，$\frac{\partial L}{\partial a}$ 为

$$\frac{\partial L}{\partial a} = \frac{\partial L}{\partial f_{i-1}} \frac{\partial f_{i-1}}{\partial a} = \frac{\partial L}{\partial f_{i-1}} \cdot \theta_i \qquad (4\text{-}16)$$

由式(4-16)可看出，$\frac{\partial L}{\partial a}$ 可由后一层误差与参数相乘得到，因此可以将其看作误差的反向传播，由此便可按网络前向传播的反方向依次算出 $\frac{\partial L}{\partial a}$，结合 $\frac{\partial z}{\partial \theta_i}$ 和 $\frac{\partial a}{\partial z}$ 便可得到网络模型中所有参数的偏导数。

综上所述，通过反向传播算法可求出所有网络模型参数的偏导数，再通过梯度下降便可完成网络模型参数更新，迭代此过程可使网络模型参数接近最优。

4.2 全卷积神经网络与语义分割

卷积神经网络高层抽象特征提取的不变性使其在图像识别上能得到很高的效率和精度。早期人们将其直接用在图像的像素标注任务上，具体做法是把逐像素地抽取周围像素的图像输入卷积神经网络对中心像素进行分类。这种做法类似于遥感中基于像素的分类，即通过提取像素的特征进行分类，只不过逐像素抽取周围像素再经过卷积神经网络的分类方式考虑了像素的局部邻域特征。被分类的遥感影像一般区域较大，一幅 1000×1000 像素的影像中像素数就达百万级，对于高分辨率影像则像素数更呈指数级增长，因此直接将卷积神经网络用于遥感影像的分类对时间复杂度和空间复杂度提出了巨大挑战。将图像进行分割，再将逐个分割后的超像素输入卷积神经网络进行分类，与逐像素预测相比，这种做法在时间和空间上极大地提高了图像语义分割的效率，但是图像分割限制了分类结果的质量。综合来看，逐像素或超像素使用卷积神经网络进行影像分类的做法，它们只应用了像素(超像素)的局部邻域特征，未能延伸到更大尺度的范围。

由于在结构上卷积神经网络只能接受固定大小的图像输入，因而难以达到端到端的像素级预测。将全卷积神经网络用于图像语义分割，仅通过一个网络即可轻易地实现从原始影像输入到分类结果输出的端到端的像素级预测。如图 4-6 所示，以用于图像分类的卷积

神经网络结构为基础，端到端的语义分割网络将卷积神经网络末端的全连接层等效替换为卷积层，并在末端增加了可训练的上采样结构，网络可以将输入图像直接映射为一个同尺寸的概率图。典型的用于语义分割的全卷积模型有 FCN、SegNet、U-Net 等。

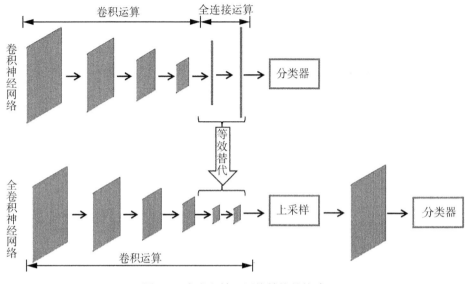

图 4-6　全卷积神经网络结构的构建

4.2.1　FCN

FCN(Fully Convolutional Networks)，全卷积网络，是第一个实现端到端式图像语义分割的网络。实际上，按照全卷积网络的定义可以将它作为一个宽泛的概念，其他用于图像语义分割的深度学习模型也可以叫作全卷积神经网络，如 SegNet 与 U-Net。该模型奠定了之后卷积神经网络用于图像语义分割任务的基本网络结构，即舍弃了全连接层以使网络达到端到端图像分割的目的。该类型网络均是通过对任意尺寸的图像做逐层下采样得到的得分图(或称热图)，经过上采样处理使其尺寸还原至原图尺寸大小并完成图像分割任务。

经过等效替换掉全连接层的卷积神经网络能够接收更多不同尺寸的图像输入并得到热图输出，但是经过多层池化后输出的热图是一个原图尺寸图像多倍下采样的结果。其在包含了高层语义信息的同时，由于分辨率的下降损失了大量图像细节信息，而且这种由于池化带来的细节损失是不可逆的，因此将热图还原至原图尺寸并得到精细的语义分割结果是网络面临的一大挑战。由于低层特征图经历池化次数少而保留了较好的图像细节信息，FCN 通过将卷积神经网络中低层边界丰富的特征图同高层含有语义信息的特征图进行跨层融合，改善了语义分割的边界质量，这也是 FCN 的特色之一。图 4-7 为 FCN 使用的跨层融合方式，网络是一个有向无环图(DAG)，输入图像(image)经过五层池化(pool)，每层池化分别将图像缩小至原来的 1/2、1/4、1/8、1/16、1/32。FCN-32s 是直接将 pool5 池化输出的特征图做 32 倍上采样还原至原图尺寸；FCN-16s 是先将 pool5 池化输出的特征图做 2 倍上采样还原至与 pool4 输出同尺寸，经过反卷积层将通道数调整至同 pool4 输出一致，与 pool4 对应元素做相加融合，然后做 16 倍上采样还原至原图尺寸；FCN-8s 则是先将 pool5 输出做 2 倍上采样、反卷积，与 pool4 输出做相加融合，再 2 倍上采样、反卷积，与 pool3 输出做相加融合，然后做 8 倍上采样还原至原图尺寸。

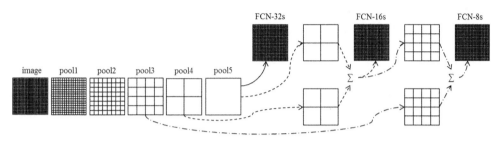

图 4-7　FCN 的跨层融合示意图(Long et al. , 2014)

4.2.2　SegNet 与 U-Net

FCN 为图像语义分割提供了新的深度网络模型结构，并通过融合网络低层信息的方式改善了图像的边界分割效果，但它对目标边界的分割依旧不够精细，且 FCN 下采样时采用的 VGG-16 模型需要大量数据训练，这对于小数据集的工作很难训练出泛化性好的网络。SegNet 与 U-Net 是另外两个常用于语义分割的深度卷积网络模型，它们从各自的角度设计了独特的网络结构，改进了 FCN 中存在的一些局限。

SegNet 在网络结构上看起来更加规整，它将 VGG-16 的后 3 层全连接层去掉，采用前 13 层卷积层作为该网络的下采样结构(即 SegNet 所称的编码器)，上采样结构(即 SegNet 所称的解码器)则采用几乎和下采样对称的结构用于还原图像尺寸。该模型对于边界分割质量的提高做了两方面的改进，其中之一是增加了上、下采样间跨层融合的层数，将所有对应层都做融合，这种做法在分割时充分应用了卷积神经网络低层特征图中的边缘细节信息。另一个做法是上采样结构中对池化运算逆操作的改进，具体做法是在下采样池化运算时增加一类编码器，专门用来存储池化窗口中最大值神经元所对应的位置索引，在上采样的反池化运算中根据该编码器将最大值赋予对应索引位置的神经元，而其他位置神经元赋值为 0，这种反池化操作更加高效地还原了图像的位置信息。

U-Net 是在医学图像领域产生的一种语义分割网络模型，模型也是由下采样(U-Net 称之为收缩路径)和上采样(U-Net 称之为扩展路径)结构组成。U-Net 模型在上采样过程中通过将对应层的数据在通道上连接，保留了网络低层较好的位置信息和高层较好的语义信息。该模型借助于数据增强达到数据量扩充的目的，可以在少量数据集的前提下训练得到泛化性较好的网络参数，这对于一些领域在数据集稀少的情况下具有很好的适用性。但是从网络结构上看，U-Net 模型较复杂，模型中没有对数据的补零操作，以致数据在卷积之后尺寸会缩小。由于整个模型中数据尺寸变化较为频繁，导致在跨层连接时需要对数据进行裁剪才能确保数据之间的尺寸兼容。数据尺寸变化频繁的另一个结果是该网络的输出尺寸较输入尺寸变小了许多，这在遥感分类中是不允许的，因此许多遥感领域学者在数据集不足的情况下借鉴 U-Net 网络的同时，都对网络做出了一定的改进。

4.3　多级特征参与决策的全卷积网络算法设计

这里所设计的多级特征参与决策的全卷积网络算法，首先是以 U-Net 为基础模型并对其进行规整化改进，然后将多级特征融合到决策层中予以实现。

4.3.1　U-Net 的规整化改进

上节提到 U-Net 模型结构较复杂，主要是因为网络在前向传播过程中未对卷积操作施行补零策略，致使特征图每次经过卷积运算后便会缩小一定尺寸，而在卷积操作中加入补零策略则可以保证特征图在卷积前后尺寸不变，如图 4-8 所示。特征图在经过池化操作时又会缩小一半尺寸，因此特征图在 U-Net 下采样的卷积和池化操作中均会缩小尺寸。而在U-Net 上采样过程中，反池化操作使特征图尺寸增加，不带补零策略的卷积操作使特征图尺寸缩小。因而造成网络下采样和上采样的不对称，在执行跨层连接时上采样特征图比对应下采样特征图尺寸小。因此该网络对参与跨层连接的下采样特征图进行了裁剪操作，使网络变得复杂，并且使得输出层尺寸小于输入层。U-Net 前向传播过程中的特征图尺寸变化如图 4-9 所示。

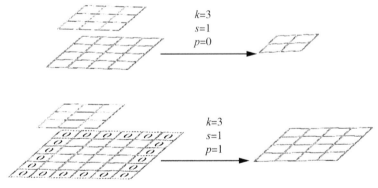

图 4-8　卷积的补零操作示意图

(k 为卷积核尺寸，s 为卷积核滑动步长，p 为补零尺寸)

本章首先对 U-Net 的卷积操作进行了改进，保持其卷积核尺寸依然为 3×3，在卷积中加入补零策略使特征图在经过卷积操作后，尺寸保持不变。同样基于补零策略，将 U-Net 上采样中的卷积操作用反卷积操作替代。U-Net 模型经过改进，整个网络中只有池化和反池化操作使特征图尺寸改变，下采样和上采样对应特征图尺寸相同，跨层连接时无需对特征图进行裁剪，并且可以保证输出尺寸等于输入尺寸，满足了遥感影像分类的要求。此外，U-Net 由于特征图尺寸变化不规律，只能接收固定尺寸的输入图像。这里所设计的算

下采样															上采样												
572×572×1	570×570×64	568×568×64	284×284×64	282×282×128	280×280×128	140×140×128	138×138×256	136×136×256	68×68×256	66×66×512	64×64×512	32×32×512	30×30×1024	28×28×512	56×56×1024	54×54×512	52×52×256	104×104×512	102×102×256	100×100×128	200×200×256	198×198×128	196×196×64	392×392×128	390×390×64	388×388×64	388×388×2

图 4-9 U-Net 网络尺寸变化过程

法，经过规整化改进后，只要输入网络图像的宽 W 和高 H 均满足 $W=16w(w\geqslant 3,\ w\in \mathbf{N})$ 和 $H=16h(h\geqslant 3,\ h\in \mathbf{N})$，**N** 为自然数，即可以计算出满足网络输入的尺寸。图 4-10 展示了规整化改进后，网络中特征图尺寸的变化过程。

下采样															上采样												
$16w\times16h\times1$	$16w\times16h\times64$	$16w\times16h\times64$	$8w\times8h\times64$	$8w\times8h\times128$	$8w\times8h\times128$	$4w\times4h\times128$	$4w\times4h\times256$	$4w\times4h\times256$	$2w\times2h\times256$	$2w\times2h\times512$	$2w\times2h\times512$	$w\times h\times512$	$w\times h\times1024$	$w\times h\times512$	$2w\times2h\times1024$	$2w\times2h\times512$	$2w\times2h\times256$	$4w\times4h\times512$	$4w\times4h\times256$	$4w\times4h\times128$	$8w\times8h\times256$	$8w\times8h\times128$	$8w\times8h\times64$	$16w\times16h\times128$	$16w\times16h\times64$	$16w\times16h\times64$	$16w\times16h\times2$

图 4-10 特征图尺寸的规整化改进

卷积神经网络在训练时会占用一定的计算机资源。虽然目前的计算机内存及其算力对于一些庞大的计算已不是问题，但参数量小的网络依然受到大多数普通计算机用户的青睐。大体量的网络一般需要更强的计算机算力，处理数据时会占用大量时间和内存，为了使本网络在保证图像分割效率的前提下，尽最大可能地减少数据训练时所占用的计算机资源，这里对网络中卷积运算时的卷积核数目做了修改，使网络的参数量大大降低。U-Net 中卷积运算的卷积核数会在每次池化操作后增加为池化操作前的 2 倍，因此在下采样过程中越往后参数量越多。U-Net 中卷积运算的参数量（包括权重和偏差）为 31378945 个，通过将网络中所有卷积层的卷积核数目都更改为 64，如图 4-11 所示，网络卷积运算的参数量减少为 777089 个，相对改进之前参数量减少近 97.52%，网络模型的占用空间也从 119MB 减少为 3.04MB，减少近 97.45%。

4.3.2 参与决策的多级特征融合

本章基于深度学习提取建筑物研究的主要思路是融合更多的图像特征以提高基于高分辨率影像建筑物提取的效率，其中首要便是考虑如何改进网络结构来实现多特征的融合。深度卷积神经网络越向后学习到的特征越抽象，称之为高级特征，越靠前学习到的特征越

下采样															上采样												
$16w \times 16h \times 1$	$16w \times 16h \times 64$	$16w \times 16h \times 64$	$8w \times 8h \times 64$	$8w \times 8h \times 64$	$8w \times 8h \times 64$	$4w \times 4h \times 64$	$4w \times 4h \times 64$	$4w \times 4h \times 64$	$2w \times 2h \times 64$	$2w \times 2h \times 64$	$2w \times 2h \times 64$	$w \times h \times 64$	$w \times h \times 64$	$w \times h \times 64$	$2w \times 2h \times 128$	$2w \times 2h \times 64$	$2w \times 2h \times 64$	$4w \times 4h \times 128$	$4w \times 4h \times 64$	$4w \times 4h \times 64$	$8w \times 8h \times 128$	$8w \times 8h \times 64$	$8w \times 8h \times 64$	$16w \times 16h \times 128$	$16w \times 16h \times 64$	$16w \times 16h \times 64$	$16w \times 16h \times 2$

图 4-11　通道的规整化改进

具体，称之为低级特征。高级特征是低级特征经过卷积层、激活层等运算得到的。FCN、SegNet、U-Net 都是将模型学习到的最后一层特征输入分类器对图像进行分类，而模型学习到的浅层特征并没有参与分类。考虑到网络模型多层级特征的充分利用有助于城市建筑物目标的识别，因此本章设计了多级特征参与决策的网络结构。该结构可以将全卷积网络上采样部分的所有特征层进行融合，得到最后用于输入分类器的特征层，故而称之为多级特征参与决策的全卷积网络。

以上节内容提到的规整化后的 U-Net 模型为例，输入图像在经过模型的下采样之后尺寸缩小到原始图像的 1/16，下采样输出尺寸会在模型上采样过程中逐步还原并学习到特征。上采样过程中特征图的尺寸依次为原图像尺寸的 1/16、1/8、1/4、1/2、1 倍，若要将这 5 个特征层融合为一个特征层，则需要对其尺寸进行归一化处理。将原图像尺寸的 1/16、1/8、1/4、1/2、1 倍特征层分别表示为 X_{U16}、X_{U8}、X_{U4}、X_{U2}、X_{U1}，首先利用式 (4-17) 将其尺寸进行还原，$O_{i,0}$ 表示 X_{Ui} 经 i 倍上采样后得到的尺寸归一化特征层。

$$O_{i,0} = \mathrm{UpSampling2D}(i)(X_{Ui}) \tag{4-17}$$

由于尺寸越小的特征图的分辨率越低，本章将还原尺寸后的特征层 $O_{i,0}$ 与网络模型下采样第一层卷积层得到的特征 X_{D1} 进行融合，并对融合后的特征层增加了一层卷积运算，得到 $O_{i,1}$ 层，其公式可表示为如下形式。

$$O_{i,1} = \mathrm{Conv2D}(64, 3)(\mathrm{Add}()(O_0, X_{D1})) \tag{4-18}$$

最终通过对尺寸还原后的五层特征进行相加融合，连接后得到一个 64 个通道数的特征层，该特征层即作为最终用于输入分类器的特征层，其公式可以表达为如下形式。

$$O = \mathrm{Add}()(O_{16,1}, O_{8,1}, O_{4,1}, O_{2,1}, O_{1,1}) \tag{4-19}$$

4.3.3　多级特征参与决策的全卷积网络结构的实现

本章所设计的网络模型结构如图 4-12 所示，整个网络大致可看成一个下采样和上采样的组合。由于上采样和下采样的对应层要做跨层连接的操作，因此使网络对应层的数据尺寸兼容且使网络结构简洁是本网络设计的要求，4.3.1 小节中的 U-Net 模型规整化改进已经使网络满足跨层连接要求。

本网络接收 $16i \times 16i$ 尺寸的输入 (Inputs)，其中 i 是大于等于 3 的自然数，该尺寸可连续进行 4 次 1/2 倍最大池化 (MaxPooling2D) 使最终数据正好达到 1/16 倍下采样。在对输入数据施加卷积运算之前，先将输入网络模型中的训练数据进行批量归一化（Batch Normalization，BN）。BN 层是深度学习中用于批量化归一数据的运算层，它可以通过将批量的输入数据归一化为接近正态分布的数据分布，从而加速模型的收敛速度，以及减弱模型训练的过拟合问题。BN 层一般用于卷积层之后来归一化卷积层的输出数据，首先将其连接于网络输入层之后，使其对原始输入数据进行批量归一化处理。继而，对批量归一化后的输入数据进行两层核尺寸为 3×3、步长为 1 的卷积（Conv2D），使数据在不改变输入图像尺寸的情况下提取特征，并提高特征通道数至 64 个。

本章所设计的网络在每层池化层之后连接两个卷积层，用于整合池化后的特征层以提取更高级的特征，并在每层卷积层之后均连接 BN 层与 ReLU 激活函数层，对卷积层的输出进行批量归一化和非线性激活运算。与 U-Net 模型不同，多级特征参与决策的全卷积网络模型在上采样过程中未采用卷积层，而是采用了反卷积层。因为反卷积层不仅可以学习和提取图像特征，而且可以还原图像尺寸。同样，在每层反卷积层之后均连接 BN 层与 ReLU 激活函数层，对反卷积层的输出进行批量归一化和非线性激活运算。上采样过程中，网络将下采样结果连续进行 4 次 2 倍上采样（UpSampling2D），将数据还原至原始图像尺寸。每次 2 倍上采样结果与下采样对应层进行通道连接，再连接两个反卷积层，调整数据通道数至 64。将每次进行 2 倍上采样并经过两层反卷积运算得到的特征图通过 4.3.2 小节中的方法进行融合，得到最终用于输入分类器的特征层。分类器是通过将最终的特征层连接到 sigmoid 函数上，经过网络模型的训练便可输出每个像素所属类别的概率数组。

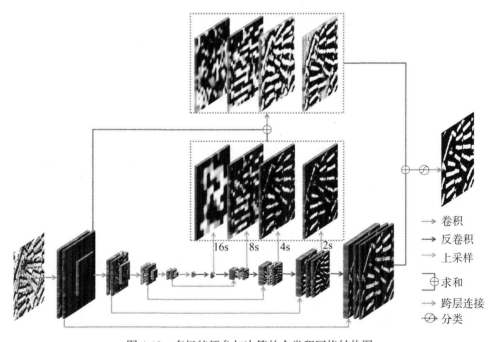

图 4-12　多级特征参与决策的全卷积网络结构图

4.4 多级特征参与决策的全卷积网络结构的测试

本节使用公开的 Mnih 数据集对本设计的多级特征参与决策的全卷积网络进行了测试，同时使用 U-Net 及 SegNet 网络模型对 Mnih 建筑物数据集进行了训练，最终对提取结果做了对比分析。

4.4.1 Mnih 数据集概述及预处理

Mnih 数据集是美国的 Mnih 和 Hinton 教授于 2013 年建立并使用的一套数据集，包括美国马萨诸塞州的建筑物和道路两种数据。本节使用的是其中的建筑物数据集。Mnih 建筑物数据集包括 137 张训练影像数据、4 张验证影像数据、10 张测试影像数据和所有影像数据对应的建筑物标签数据，每张影像的尺寸均为 1500×1500 个像素。这里将网络设置为 512×512 尺寸的输入，因此将该数据集均裁剪为 512×512 个像素的尺寸，每张影像在裁剪时相邻图像保留了 18 个像素的重叠区域，如图 4-13 所示，同时将每张影像对应的标签图像也做了同样方式的裁剪，最终获得的数据集张数为原来的 9 倍。

4.4.2 基于 Mnih 数据集的建筑物提取

本章搭建、训练网络模型及模型预测均是基于配置在 Python3.6 语言上的 Keras2.0.8 版本的深度学习框架上完成的，被训练的 SegNet、U-Net 以及本章所设计的多级特征参与决策的全卷积神经网络均在配置有一块 NVIDIA Tesla M40 24GB GPU 运算卡的服务器上完成。这里使用的 Keras 框架以 Tensorflow 深度学习框架为后端，因此网络输入尺寸格式为 512×512×3，其中通道数 3 在最后一维。网络模型的其他参数配置如表 4-1 所示，其他参数均为默认设置。

表 4-1 网络参数配置

	输入尺寸	优化器	学习率	损失函数	批尺寸	训练周期
SegNet	512×512×3	Adam	$1×10^{-4}$	binary_crossentropy	5	55
U-Net	512×512×3	Adam	$1×10^{-4}$	binary_crossentropy	5	55
MyNet	512×512×3	Adam	$1×10^{-4}$	binary_crossentropy	5	55

本网络涉及的为二分类问题，使用的损失函数是二元交叉熵损失函数（binary_crossentropy），训练时该损失函数的值越小，则深度学习模型对数据拟合得越好。二元交叉熵损失函数的计算公式如下：

$$L(w, b) = -\frac{1}{N}\sum_{i}^{N}\left[y^{(i)}\log f(x^{(i)}) + (1 - y^{(i)})\log(1 - f(x^{(i)}))\right] \qquad (4-20)$$

式中，$L(w, b)$ 表示以网络中权重 w 和偏置 b 为变量的损失函数；N 表示批量对应的图像个数，一般等于批尺寸（batch-size）；$y^{(i)}$ 表示第 i 个输入值 $x^{(i)}$ 对应的真实标签；$f(x^{(i)})$ 表

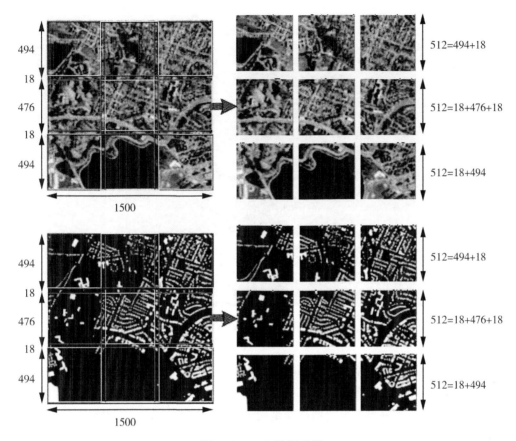

图 4-13　Mnih 数据裁剪

示第 i 个输入值 $x^{(i)}$ 对应的网络模型预测值。

　　网络模型训练时将训练集和验证集同时输入，验证集不参与网络的训练，而是在每次训练完一组训练集后用于网络模型的测试。这里将三个网络分别训练了 55 个周期（Epochs），每个周期中网络模型会将所有训练集数据完全训练一次。程序命令行中记录了网络模型训练数据得到的日志信息（图 4-14），其中包括训练集的训练误差（Loss）和准确度（Acc）以及验证集的验证误差（Val_loss）和准确度（Val_acc）。通过训练集和验证集的误差及准确度可以反映网络在训练过程中欠拟合或过拟合的程度。

　　本测试将三个网络模型的训练日志数据绘制成折线图，如图 4-15 所示，（a）、（b）、（c）分别为 SegNet、U-Net 和本章所设计的多级特征参与决策的全卷积神经网络对 Mnih 建筑物数据集训练时得到的日志曲线图，图中曲线包括每个周期中训练集和验证集的准确度及训练集和验证集的损失值。（d）、（e）、（f）、（g）四幅图分别将三个网络模型训练时的单个评价值绘制在一个坐标系中，从中可直观地看出三个网络模型之间的差异。

　　图 4-15 中，通过比较曲线图（a）、（b）、（c），可以看出当训练到一定周期时，SegNet 和 U-Net 的训练集损失值依旧在下降，但是其验证集损失值开始变大，这表明网络已经开

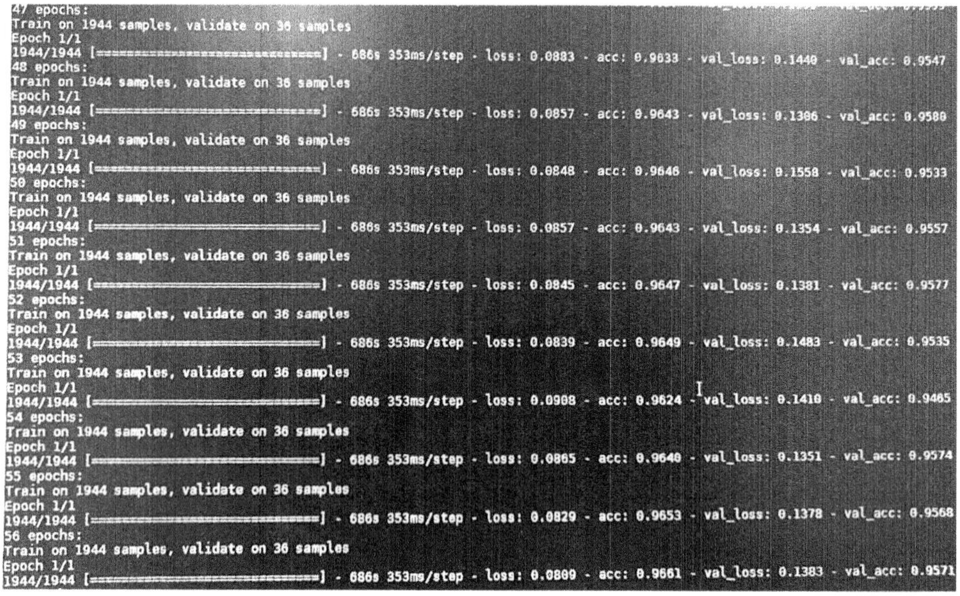

图 4-14　部分日志记录

始过拟合，随着训练周期的增加，SegNet 和 U-Net 的过拟合逐渐变得严重；而在同样的训练周期中，本章所设计的多级特征参与决策的全卷积网络模型在训练集损失值缓慢下降的同时，其验证集损失值并没有显著增高而是趋于一个稳定的状态；同样随着训练周期的增加，本模型的训练集准确度与验证集准确度之间的差异也小于 SegNet 和 U-Net，这表明本章所设计的模型在一定程度上减弱了训练数据集时的过拟合。这是由于本章设计的参与决策的多级特征融合结构增加了网络模型的复杂度，并且由于低层特征层可参与最终决策，使其在可训练参数更新时可以更加直接地受到模型输出误差反向传播时的影响，而不是由高层向低层逐层传递误差来改变权重参数，因而在模型训练过程中能够学习到更好的特征，并在一定程度上减弱了过拟合的影响。进一步通过曲线图(d)、(e)可以看出，(d)中显示随着训练周期的增加，本章所设计的模型在训练集损失值上减少得比 U-Net 模型慢，但其验证集损失值[图 4-15(e)]却远低于 U-Net 模型和 SegNet 模型。由曲线图(f)、(g)可看出随着训练周期的增加，本模型的训练集准确度[图 4-15(f)]小于 SegNet 和 U-Net，但本模型验证集的准确度[图 4-15(g)]略大于 U-Net 而且远大于 SegNet。

　　将测试集输入训练好的网络模型，分别得到三个模型对测试集的预测结果。网络模型输出的每个元素值为一个范围为(0，1)的概率值，值越接近 1，说明该像素是建筑物的可能性越大；反之，像素是非建筑物的可能性越大。将网络模型预测的输出数据先乘以 255，然后设置阈值为 128，规定输出数据中值大于等于 128 的像素被分为建筑物并赋值 255，小于 128 的像素被分为非建筑物并赋值 0，最终得到建筑物提取结果的二值图。将三个网络模型对测试集的建筑物提取结果与测试集的建筑物真实标签进行逐像素地计算，

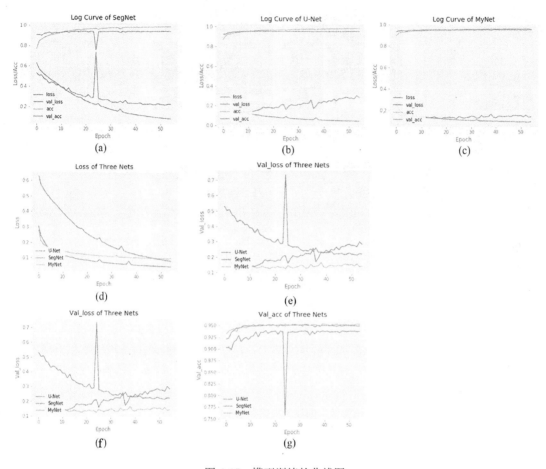

图 4-15 模型训练的曲线图

得到建筑物提取结果的精度信息。这里采用精确率(Precision)、召回率(Recall)和交并比(IoU)作为建筑物提取结果的精度验证指标,这三个指标的计算和阐述详见 3.6.1 小节内容。

这里从测试集中选择了 2 张具有代表性的影像作为测试区,使用三种训练好的网络模型对其进行建筑物提取,提取结果如下。

测试影像 1:大尺度和小尺度两类典型的建筑物信息。

测试影像 1 中包含的建筑物种类比较丰富,其中含有多个不同尺度的建筑物。图 4-16 为三种网络模型对影像中建筑物的提取结果,对比(d)、(f)、(h)图中的建筑物提取结果与真实标签的叠加图,可以看出本章的网络模型对大尺度建筑物的提取较 U-Net 及 SegNet 模型有一定改善,如图 4-16 中所圈定区域所示,本章所设计模型的建筑物提取效果最为理想。

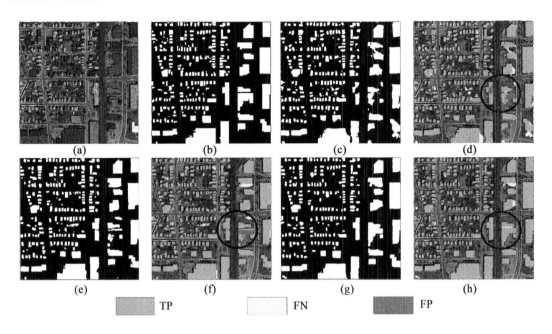

图 4-16 测试影像 1 的建筑物提取结果

[（a）和（b）为原始 RGB 波段显示影像和建筑物标签图像，（c）和（d）为 SegNet 模型的建筑物提取结果以及建筑物提取结果和标签的重叠图，（e）和（f）为 U-Net 模型的建筑物提取结果以及建筑物提取结果和标签的重叠图，（g）和（h）为本章所设计模型的建筑物提取结果以及建筑物提取结果和标签的重叠图]

表 4-2　　　　　　　　　　　测试影像 1 的建筑物提取结果精度评价

方法	Precision(%)	Recall(%)	IoU(%)
SegNet	82.75	83.55	71.16
U-Net	87.00	88.62	78.26
MyNet	87.64	91.36	80.93

注：MyNet 即多级特征参与决策的全卷积网络。

表 4-2 中记录了测试影像 1 在三种模型下的建筑物提取结果的精度指标结果。从表中可得，U-Net 和多级特征参与决策的全卷积网络模型的建筑物提取结果的精度指标均高于SegNet 模型的建筑物提取结果，而本网络模型的建筑物提取结果的各项精度指标又高于U-Net 模型，尤其是其中的召回率达 91.36%，改进效果显著。

测试影像 2：大尺度建筑物为主。

测试影像 2 中含有较多大尺度地物，从 SegNet 及 U-Net 模型的建筑物提取结果来看，大尺度的建筑物难以被有效地提取。针对这一点，本模型的建筑物提取结果中大尺度建筑物的提取较 SegNet 及 U-Net 有所改善，如图 4-17(h)所示，并且在精确率和交并比两项精度指标上均有较大的提升，如表 4-3 所示。

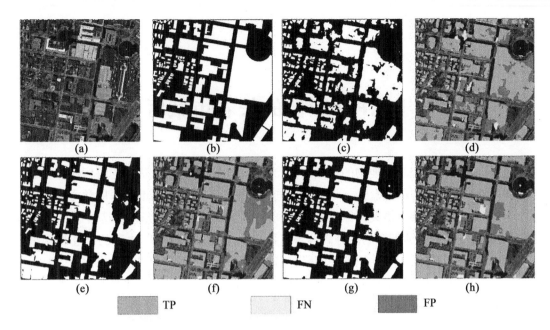

图 4-17　测试影像 2 的建筑物提取结果

[(a)和(b)为原始 RGB 波段显示影像和建筑物标签图像,(c)和(d)为 SegNet 模型的建筑物提取结果以及建筑物提取结果和标签的重叠图,(e)和(f)为 U-Net 模型的建筑物提取结果以及建筑物提取结果和标签的重叠图,(g)和(h)为本章所设计模型的建筑物提取结果以及建筑物提取结果和标签的重叠图]

表 4-3　　　　　　　　　　　　测试影像 2 的建筑物提取结果精度评价

方法	Precision(%)	Recall(%)	IoU(%)
SegNet	73.96	90.82	68.81
U-Net	77.78	93.06	73.51
MyNet	86.17	93.32	81.16

注：MyNet 即多级特征参与决策的全卷积网络。

上述两个测试区的测试结果表明,与 SegNet 及 U-Net 相比,本章设计的多级特征参与决策的全卷积网络,能够明显提升建筑物信息提取的精度。

4.5　本章小结

本章主要对深度学习以及卷积神经网络进行了介绍,在 U-net 模型的基础上,通过对 U-Net 的规整化处理以及对中间特征的充分挖掘,构建了多级特征参与决策的全卷积网络,并利用公开的数据集 Mnih 对本网络进行了测试。结果表明,与 SegNet 和 U-Net 相比,本章所设计的网络在建筑物提取的精度上有了一定程度的提升。

第5章 基于 GF-2 影像的长春市城区建筑物提取

高分辨率影像能够表现地物的精细结构，但目前对其高级语义信息的解析还存在一定的困难。由于深度学习的黑盒性，将多种不同类型的数据融合，借助于深度学习算法进行综合学习，以提取其典型语义特征可能更有利于地物信息的高精度识别。基于此，本章充分利用 GF-2 卫星影像所拥有的两种高分辨率数据，以多级特征参与决策的全卷积网络为基础设计了一种双输入的全卷积神经网络，可以将两种分辨率下的遥感影像数据同时输入网络，综合利用从两种分辨率影像上学习到的特征完成对长春市城区建筑物的提取。建筑物提取结果表明，较低分辨率的影像可以隐去高分辨率影像上单个目标内的复杂纹理信息，对于建筑物提取的完整性有一定帮助；但较低分辨率遥感影像相对高分辨率影像损失了大量的几何特征信息，降低了地物的可区分性。通过与面向对象提取建筑物结果的对比，表明我们设计的深度卷积神经网络模型在建筑物提取结果上远好于面向对象的建筑物提取结果，可以在一定程度上减少分类影像后处理的工作，为基于影像进行城市建筑物信息提取的工业化生产奠定技术基础。

5.1 数据源及数据处理

5.1.1 GF-2 卫星影像概述

高分二号(GF-2)卫星发射于 2014 年 8 月 19 日，属于太阳同步轨道卫星，是我国"高分辨率对地观测系统重大专项"的重要项目，并且是我国第一颗分辨率高于 1m 的民用陆地卫星，该卫星的发射将我国带入了亚米级高分时代(潘腾，2015)。GF-2 卫星搭载了两台相同的星下点空间分辨率 0.8m 全色/3.2m 多光谱相机，影像通过两台相机的拼接可以达到 45km 的幅宽。GF-2 影像具有 1 个光谱范围为 450~900nm 的全色波段和 4 个多光谱波段，多光谱波段同国际同类卫星的波段设置基本相同，分别是蓝波段(450~520nm)、绿波段(520~590nm)、红波段(630~690nm)和近红外波段(770~890nm)。与 WorldView、IKONOS、QuickBird、Pleiades 等国际同类型数据相比，GF-2 遥感数据应用已经达到或超过国际同类或相近数据的水平，可以实现土地利用动态监测、城乡精细化管理、风景名胜区资源保护、城市园林绿地评价等业务化应用，同时为建筑物的提取提供了强大的数据源。

5.1.2 研究区概况

本实验的研究区来自吉林省长春市（图5-1），GF-2影像范围为东经125°7′37.66″—125°27′41.42″，北纬43°43′41.08″—44°2′41.33″，包含整个长春城区及周边部分城乡结合区。该区域地物类型特征丰富，中心城区包括宽城区、绿园区、二道区、朝阳区，长春北湖湿地公园、长春站及长春北站均在该区域内。中心城区内人造地表比较复杂多样，其中建筑物是较难提取的一类。该区域内80%以上建筑物为灰色调且形态多样、分布复杂，这类建筑物的色调与道路、广场、水泥空地等人造地表的色调极其相似，因此对该区域建筑物的提取具有一定难度。

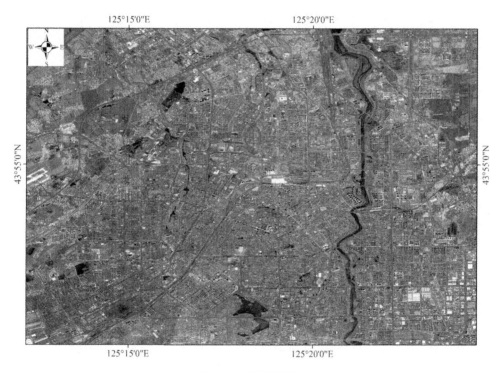

图5-1　研究区概况

5.1.3 GF-2影像建筑物数据集的获取

深度神经网络的训练需要较大数量的样本数据集，类型丰富的数据集可以训练出泛化性和鲁棒性好的网络模型，因此数据集的获取是本研究中至关重要的一步。对于全卷积神经网络的遥感影像数据集制作，需要图像裁剪和标签制作两项工作内容。区域内建筑物的提取可以看作GF-2遥感影像的一个二分类问题，其中建筑物是正类，非建筑物是负类。由于区域内地物类型比较复杂，样本数据集必须尽可能包含所有种类的地物类型才能使训练出的网络模型准确识别各类地物，否则在预测时网络模型会因为没有训练过此类数据而造成错分。因此正样本(包含建筑物的样本)应尽可能包含研究区影像中各种形态类型的建筑物，负样本(包含非建筑物的样本)应尽可能包含研究区影像中各类非建筑物。为了使裁剪得到的建筑物数据集尽可能包含研究区影像中的各类地物，需要对影像的裁剪区域进行人工选取，在数据集制作时使用了 GF-2 影像 0.8m 分辨率和 3.2m 分辨率的四个波段数据，主要进行了以下几项工作。

(1)为了减轻人工工作量，这里首先裁剪出高和宽约为 16km 的矩形影像区域，该区域基本包含了长春市城区的较大范围，建筑物在该区域内分布非常密集。这块矩形区域在 GF-2 影像 0.8m 分辨率上的像素数为 20000×20000，在 3.2m 分辨率上的像素数为 5000×5000。

(2)为了能够均匀地在影像上裁剪数据集，在步骤(1)裁剪的矩形影像中做了一个4×4的格网，人工从影像中选择和裁剪数据时可以按照格网依次选取。这样做的目的是一方面可以进一步保证样本数据集的多样性，另一方面也可使人工选取数据集更加有条理，从而降低人工工作复杂度。

(3)本章使用 0.8m 分辨率、尺寸为 96×96 像素的数据集，3.2m 分辨率、尺寸为 24×24 像素的数据集，进行网络模型的训练。为了数据集制作的方便，以 0.8m 分辨率 GF-2 影像为例，先将数据集裁剪为 100×100 的尺寸(3.2m 分辨率，尺寸为 25×25)，使用时再通过转换算法将数据集裁剪为 96×96 的尺寸(3.2m 分辨率，尺寸为 24×24)。如果人工从大范围影像中裁剪 100×100 尺寸的数据，一方面工作量较大，另一方面人工选择和裁剪的数据集难以包含大范围影像中的所有类别地物。考虑到大区域影像可包含更多地物种类，为了进一步加强样本数据集的多样性，这里在 0.8m 分辨率影像每个网格中选取了 2 幅 500×500 尺寸的影像区域，同样在 3.2m 分辨率影像上选取了对应位置的 125×125 尺寸的影像区域。

(4)数据集的标签是与裁剪的原始影像数据同尺寸的二值图，二值图中值为 1 的表示建筑物，值为 0 的表示非建筑物。标签是通过 Labelme 工具制作完成的，该工具可以装到 Python3 上并且通过 cmd 打开界面。标签的绘制在 0.8m 分辨率原始数据上进行，先在 Labelme 中打开 500×500 原始数据集列表，然后逐张绘制标签图像并保存为 .json 文件，最后可在终端通过下列代码将 .json 文件转换为图像标签。

labelme_json_to_dataset <文件名>.json

(5)通过步骤(3)和(4)获取了 0.8m 分辨率影像上 500×500 尺寸和对应区域 3.2m 分辨率影像上 125×125 尺寸的原始影像数据集和对应图像标签，然后可通过程序将这些数据集裁剪为 100×100 和 25×25 的尺寸。最终裁剪得到 800 张尺寸为 100×100 的 0.8m 分辨率图像和 800 张对应区域的尺寸为 25×25 的 3.2m 分辨率图像组成的原始影像数据集，以及 800 张对应的图像标签。

(6)最后将图像文件都保存为一个序列文件，该序列文件中是一个包含三个元素的元组，每个元素为一个 numpy 数组，数组形状分别为(N, 100, 100, 4)，(N, 25, 25, 4)，(N, 100, 100, 1)，N 为数据集中图像数量，第二维和第三维是图像的尺寸，第四维是图像的通道数, 三个数组分别代表 0.8m 分辨率数据集、3.2m 分辨率数据集、0.8m 分辨率下的标签。

5.2 训练数据集的增强

基于深度学习的目标识别一般需要给网络模型输入大量的训练集, 数据量过少极易使网络模型在训练中过拟合, 这不利于网络模型的泛化性。而训练数据的获取是一项比较复杂和耗时的工作, 在许多项目中甚至无法拥有足够的数据量。少量数据往往难以包含尽可能多的类别形态, 而遥感影像成像时也会受到天气、地表等影响, 致使同类地物可能在影像中拥有不同的光谱反射值。通过对图像数据的几何、光谱值等进行一定的数学运算可以在一定程度上弥补深度学习训练数据量不足的缺陷, 另一方面可以增加数据集中的类型多样性, 这种增加数据量的方式即为数据增强。在训练数据量匮乏的情况下, 通过数据增强方法增加训练数据量是做深度学习项目时比较普遍的一种方法。这里通过使用 4 种图像拉伸方法先将原始影像数据的像素值拉伸到 0~255 之间, 然后对拉伸后的数据集进行旋转和镜像运算, 同区域的 0.8m 分辨率数据和 3.2m 分辨率数据的拉伸方式相同。最终的数据量是 0.8m 分辨率图像数据 22400 张, 3.2m 分辨率图像数据 22400 张, 以及对应的标签 22400 张。

5.2.1 图像拉伸

在制作数据集文件时使用的是 uint8 的数据类型, 这种数据类型只能表示 0~255 共 256 个数字, 因此需要将原始数据的像素值均拉伸到 0~255 之间。图像拉伸即通过某种映射函数使图像像素值发生变换, 不同的映射函数可以使图像变换为不同效果。这里共使用了线性拉伸、均衡化拉伸、高斯拉伸和平方根拉伸 4 种方法, 这一过程将数据量扩充为原来的 4 倍。

线性拉伸即对像素值做线性变换, 以改变原图像素的灰度范围, 在不改变像素之间灰度值关系的情况下, 若要修改灰度值范围, 可用线性变换。令原图像素 r 的灰度范围为 $[a, b]$, 变换后图像像素 s 的灰度范围为 $[a', b']$, s 及 r 之间的关系式如下:

$$s = a' + \frac{b' - a'}{b - a}(r - a) \tag{5-1}$$

均衡化拉伸是一种基于图像的灰度直方图进行图像变换的方法, 当图像的灰度分布不均匀时, 会使得图像的细节不够清晰, 而将直方图修整为接近均匀分布时, 则可增强图像内部反差, 达到图像细节突出的作用。利用灰度直方图均衡化图像时需满足 $0 \leq r, s \leq 1$ 的条件, 因此需先将原图像的像素值归一化至 $[0, 1]$ 区间内。s 及 r 之间的变换关系由原始直方图的累计分布函数定义, 关系式如下:

$$s_k = \sum_{j=0}^{k} \frac{n_j}{n} \tag{5-2}$$

式中，k 为图像的灰度级；n_j 为原图中灰度级为 j 的像素数；n 为原图的总像素数。通过以上变换，原图像中频数小的灰度级会被合并到别的灰度级中，从而使得变换后的图像灰度直方图接近均匀分布，变换后的灰度值范围为 [0，1]，将其拉伸至 0 ~ 255。

高斯拉伸为另外一种直方图变换类型，可以将图像的原始直方图转化为近似正态分布的形式，因此又称之为图像的直方图正态化。高斯分布曲线有均值和标准差两个参数，高斯拉伸可以通过设置均值参数来决定图像直方图的总体亮度水平，通过设置标准差参数来控制图像中的反差强度，因而经过高斯拉伸的图像不会像均衡化拉伸后的图像那样反差强烈。

平方根拉伸属于图像非线性变换的一种方法，可以将图像中亮度值高的像素进行抑制，亮度值越高抑制效果越强，过于明亮的图像在平方根变换后可以变得柔和。平方根变化中 s 及 r 之间的关系式如下：

$$s = \sqrt{r} \tag{5-3}$$

图 5-2 为初裁剪的 0.8m 分辨率 GF-2 影像建筑物数据经 4 种图像拉伸得到的效果。使用上述 4 种图像拉伸方法对初裁剪的 GF-2 影像建筑物数据集进行了拉伸增强，将拉伸后的图像像素值压缩至 0~255，取拉伸后的图像作为待训练的样本数据集，舍弃初裁剪的影像，最终使数据集扩充为原来的 4 倍。

原因　　　　线性变换　　　　直方图均衡化　　　　高斯变换　　　　平方根变换

图 5-2　四种图像拉伸结果

5.2.2　图像几何变换

考虑到研究区的 GF-2 卫星影像中建筑物形态分布的复杂性，人工初次裁剪的建筑物样本有限，难以包含到所有不同形态的建筑物。为了尽可能使样本数据集中包含更多形态的建筑物，这里对数据集进行了多角度旋转和多种镜像的几何变换扩充，经 3 个角度旋转和 3 种镜像变换后，数据集扩充为原来的 7 倍。

图 5-3 为对数据进行顺时针旋转 45°、90°、135° 的效果图，当图像旋转角度为 90° 的整数倍时，旋转后图像的尺寸没有变化；而将图像做其他角度旋转时，由于图像在计算机中以数组形式存在，旋转后的图像会被存储在一个大于原图像尺寸的数组当中，该数组通过旋转公式对原图像进行重采样，其中多余的像素会被赋予 0 值，如图 5-3 中将原图顺时

针旋转 45°和 135°的效果。由于图像在经过非 90°倍数的角度旋转后会增大尺寸,将旋转后的图像缩放至与原图相同的尺寸,缩放可在一定程度上增加建筑物数据集的尺度多样性。

原图　　　　　　　　顺旋45°　　　　　　　顺旋90°　　　　　　顺旋135°

图 5-3　旋转扩充结果

图 5-4 为对数据进行水平镜像、垂直镜像、水平垂直镜像变换后得到的效果图,该类图像变换可进一步增加建筑物数据集的分布多样性。假设图像的尺寸为 n 行 n 列,用 $r(i, j)$ 表示原图像第 $i+1$ 行第 $j+1$ 列的像素值,$s(i, j)$ 表示镜像变换后图像第 $i+1$ 行第 $j+1$ 列的像素值,其中 $i, j = 0, 1, 2, \cdots, n-1$,三种镜像变换中 $r(i, j)$ 和 $s(i, j)$ 的关系式如下:

$$水平镜像变换:s(i, j) = r(i, n-1-j) \tag{5-4}$$

$$垂直镜像变换:s(i, j) = r(n-1-i, j) \tag{5-5}$$

$$水平垂直镜像变换:s(i, j) = r(n-1-i, n-1-j) \tag{5-6}$$

原图　　　　　　　水平镜像　　　　　　　垂直镜像　　　　　　水平垂直镜像

图 5-4　镜像扩充结果

5.3　建筑物提取

GF-2 的 0.8m 高分辨率影像可以展现出地物目标内部的微小的纹理信息,如建筑物顶部的复杂结构,这对建筑物的完整分割有一定的影响,而 3.2m 分辨率影像能够隐去建筑物顶端的微小纹理,减弱单个地物内部的光谱异质性。为了充分利用不同分辨率影像所携带的特征，这里设计了双分支结构的网络模型。以第 3 章的多级特征参与决策的全卷积网络为基础，使 0.8m 分辨率数据作为其输入，我们称之为单输入模型。然后为单输入模型增置一个分支结构，使 3.2m 分辨率数据作为该分支结构的输入，从而得到可以同时将 0.8m 和 3.2m 分辨率数据作为网络输入并可融合两种分辨率数据特征的网络模型，我们称之为双输入模型。

5.3.1　基于单输入模型的建筑物提取

在 GF-2 影像建筑物提取的研究中，0.8m 分辨率数据是建筑物提取的主要数据源，而将 3.2m 分辨率数据作为辅助数据源，最终得到的建筑物提取结果的二值图是 0.8m 分辨率的。因此首先使用 0.8m 分辨率数据进行建筑物的提取，这里使用第 4 章提出的多级特征参与决策的全卷积网络模型作为 0.8m 分辨率 GF-2 影像建筑物提取的模型。

该过程在一台配置有 Intel_i7-4790 CPU 处理器和 6GB 内存的台式计算机中完成，同样使用了配置在 Python 语言环境中的以 Tensorflow 为后端的 Keras2.0.8 深度学习框架作为搭建和训练网络模型的工具。一般同样条件下的深度学习网络在 CPU 中运行的速度比在专为深度学习设计的 GPU 中运行的速度要慢几十倍甚至上百倍，硬件配置的限制使得网络输入影像尺寸过大，则会在网络训练过程中发生内存溢出从而导致程序崩溃。由于本章研究区中 80%以上为灰色屋顶建筑物，该类建筑物同红色、蓝色等色调突出的建筑物相比极易与其他人造地表类别混淆。因此本章以提取灰顶建筑物为主，深度学习训练数据的尺寸过小使得图像中包含的建筑物过少，而这里区分建筑物以色调为主，因此可以适当降低此处网络输入图像的尺寸。考虑到算力和内存受到的限制，本章将网络输入图像尺寸设置为 96×96。单输入模型网络及训练配置如表 5-1 所示，展示了该网络模型的结构、超参数、数据尺寸变化过程等。

表 5-1　　　　　　　　　　单输入模型网络及训练相关配置

配　　置	参　　数
损失函数	binary_crossentropy
优化器	Adam
评估函数	binary_accuracy
学习率	1×10^{-4}
批尺寸	10
训练周期	55

以常规的方式基于单输入模型对 GF-2 影像建筑物训练数据集进行训练，对训练集训练 55 个周期，这里仅使用到数据集序列元组中的第一维和第三维数据。将训练数据集输入网络之前，先将 100×100 尺寸的 0.8m 分辨率原始数据和标签裁剪中心区域 96×96 的尺

寸范围。训练时使用 Adam 优化器，优化器的学习率不能选择得过大或过小，过大的学习率会使网络难以拟合到最佳位置，过小的学习率使得网络训练很慢，这里将优化器的学习率设置为 1×10^{-4}。模型训练完成后即可使用该模型对无标签数据进行建筑物预测。本网络结构的简洁性体现在数据尺寸比较规整，在层与层的连接中无需像 U-Net 那样对数据进行裁切。训练时可以使用 96×96 的小尺寸数据作为网络输入，然后将训练好的网络模型和参数保存。预测时一般影像尺寸较大，可以通过修改模型的输入尺寸，然后将训练好的参数加载到预测模型中即可预测，模型输入尺寸的改变不会影响网络中参数结构的变化。输入尺寸高 H 和宽 W 需满足如下要求：

$$\begin{cases} H = 16h \\ W = 16w \end{cases}, \quad h,\, w \geqslant 3 \cap h,\, w \in \mathbf{N}(\mathbf{N}\text{是自然数}) \tag{5-7}$$

5.3.2　基于双输入模型的建筑物提取

双输入模型在结构上是先为 3.2m 分辨率数据重新设计了一个用于特征提取的卷积神经网络，然后将其附着在 0.8m 分辨率分支网络上，使每一层特征层与网络的 0.8m 分辨率分支上采样过程对应尺寸的特征层进行连接融合。图 5-5 展示了用于 GF-2 影像建筑物提取的双输入模型的整体设计情况，其中 3.2m 分辨率影像经过卷积神经网络可以得到三组不同尺度下的特征层，尺寸分别为 4w×4h、2w×2h、w×h，w 和 h 均为大于等于 3 的自然数。模型中，将分支中 w×h 的特征层连接于模型主分支 w×h 的特征层上，又将 4w×4h 和 2w×2h 的特征层与主分支上相应尺寸的特征层进行连接，完成 3.2m 分辨率分支上提取的影像特征与 0.8m 分辨率分支上特征层的融合。最后将模型上采样部分虚线框中的特征层使用多级特征融合结构进行融合，使这些特征能够输入分类器参与最终决策。

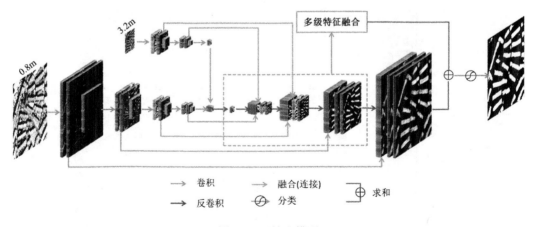

图 5-5　双输入模型

双输入模型的特点是在模型融合自身多级特征的基础上进一步融合了其他种类数据源中提取到的特征。综合来看双输入模型的特征融合，模型的分类器中输入了上采样过程中经过多级特征融合的特征层，该部分特征层通过跨层连接融合了模型下采样部分提取到的特征层，同时也融合了 3.2m 分辨率分支上提取到的特征层。图 5-6(b)～(e) 是由图 5-6 (a) 为输入在双输入模型前向传播中得到的各层部分的特征图，图 5-6(a) 是分辨率为 0.8m 和 3.2m 的输入图像，图 5-6(b) 中按行从上到下依次为模型前向传播中上采样过程得到的各层部分特征图，从图中可以看出特征图中虽能表现出影像中建筑物的语义信息，

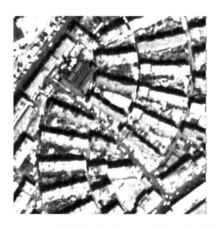

(a)0.8m 与 3.2m 分辨率 GF-2 影像

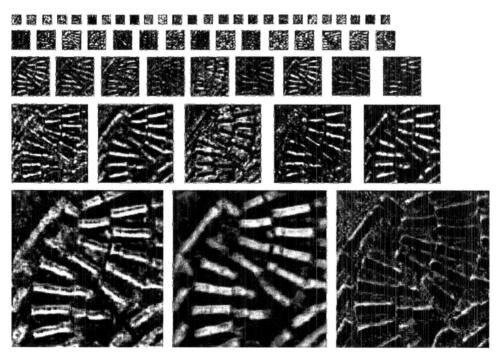

(b)前向传播上采样各层特征图

图 5-6　双输入模型特征图展示(一)

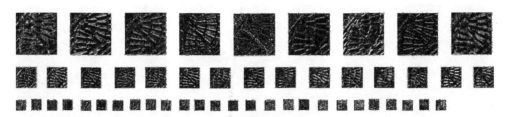

(c)前向传播3.2m分辨率分支各层特征图

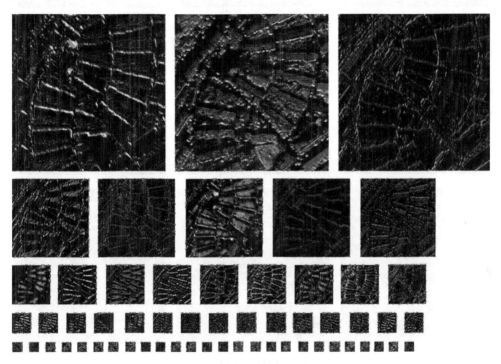

(d)前向传播下采样各层特征图

图5-6 双输入模型特征图展示(二)

但由于上采样无法还原图像精细的位置信息,因此特征图显得模糊。图5-6(c)、(d)中按行从上到下依次为模型前向传播中基于0.8m分辨率输入影像和3.2m分辨率输入影像得到的特征图,这些特征图上可以表现影像中比较精细的边界等信息,因此在上采样过程中通过逐步地对特征图进行跨层连接,可以使得模型上采样过程中的特征图随前向传播逐步恢复位置信息。图5-6(e)为经过多级特征融合后得到的部分特征图,从图中可以看出,经过对两个分辨率数据特征层及各层级特征的多次融合与卷积运算,可以得到语义与位置信息均比较精细的特征图,该特征层即最终输入分类器参与决策。

单输入模型网络及训练配置如表5-2所示,附表2详细表现了该网络模型的结构、超参数、数据尺寸变化过程等。

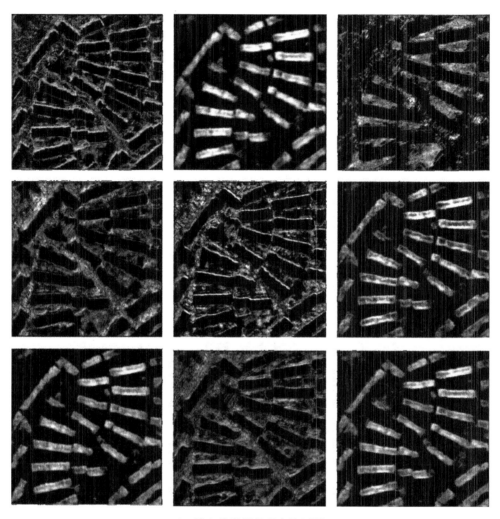

(e)输入分类器的融合特征层

图 5-6　双输入模型特征图展示(三)

表 5-2　　　　　　　　　　双输入模型网络及训练相关配置

配　　　置	参　　　数
损失函数	binary_crossentropy
优化器	Adam
评估函数	binary_accuracy
学习率	1×10^{-4}
批尺寸	10
训练周期	55

同一区域下 3.2m 分辨率影像尺寸会比 0.8m 分辨率影像尺寸缩小 4 倍，因此网络的
3.2m 分支输入数据的尺寸为 24×24。为了与 0.8m 分辨率网络分支中的对应层数据尺寸相
兼容，该分支在开始先对 25×25 尺寸的输入数据进行裁剪（Cropping2D），裁掉数据的最后
一行和最后一列，使数据尺寸变为 24×24，并对其进行相应的卷积和池化操作。同样以常
规方式基于双输入模型对 GF-2 影像建筑物数据集进行训练，这里使用到数据集序列元组
中的所有数据，将数据集输入网络模型之前先对 0.8m 和 3.2m 分辨率数据集进行裁剪，
使其尺寸符合下列公式。

对于 0.8m 分辨率数据集：

$$\begin{cases} H = 16h \\ W = 16w \end{cases}, \quad h, w \geq 3 \cap h, w \in \mathbf{N}（\mathbf{N} 是自然数） \tag{5-8}$$

对于 3.2m 分辨率数据集：

$$\begin{cases} H = 4h \\ W = 4w \end{cases}, \quad h, w \geq 3 \cap h, w \in \mathbf{N}（\mathbf{N} 是自然数） \tag{5-9}$$

使用 Adam 优化器，设置学习率为 1×10^{-4}，对数据集训练 55 个周期后保存模型权重和偏
置参数。预测新影像时使 0.8m 和 3.2m 分辨率影像分别满足上述公式，再修改模型输入
尺寸，将保存的权重和偏置参数载入模型即可输入新影像进行预测。

5.3.3 面向对象的建筑物提取

在基于深度学习提取 GF-2 卫星影像建筑物的同时，这里使用了面向对象的分类方法
作为对比。面向对象分类是近些年高分辨率遥感影像分类中广泛采用的一种方法，相对于
面向像素的分类，面向对象分类效果较好。该类方法通过先分割影像再基于影像对象分类
的思想充分利用了高分辨率影像中的几何、纹理等特征，相比传统的基于像素的影像分类
方法，能够基于更多种类的特征更好地提取地物。本章基于 eCognition 软件按图 5-7 所示
流程对 GF-2 影像做了面向对象的建筑物提取。

影像分割是高分辨率影像面向对象分类的第一步，影像经过分割后再分类可减少分类
结果中的椒盐噪声影响。这里使用多尺度分割的方法对 GF-2 影像进行分割，基于分形网
络演化算法（FNEA）的多尺度分割是 eCognition（易康）软件的核心分割算法，该算法是一
种自底向上的区域增长型的影像分割算法，在每次迭代过程中根据异质性原则的局部最优
策略将相互合并后异质性最小的相邻对象合并，直到不满足异质性阈值为止。影像的多尺
度分割可以根据尺度参数、形状因子、平滑度因子兼顾到影像中的光谱及形状信息，使影
像分割为具有实际意义的对象，经过设置多组参数对比，最终将尺度参数、形状因子、平
滑度因子的值分别设置为 50、0.1、0.5。

影像分割后需人工提取影像对象中的特征，分割后得到的影像对象包含了地物的光
谱、几何、纹理等信息，这里对影像对象提取了包含光谱、几何、纹理的三大类特征，表
5-3 中为人工提取的具体特征。

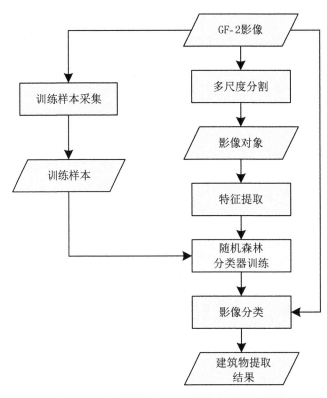

图 5-7　面向对象提取 GF-2 影像建筑物流程图

表 5-3 　　　　　　　　　　　　　**特 征 提 取**

特征类型	具体对象特征
光谱特征	Brightness Mean Layer 1 Mean Layer 2 Mean Layer 3 Mean Layer 4 Max. diff.
几何特征	Length/Width Shape index Compactness Number of pixels
纹理特征	GLCM Dissimilarity（all dir.） GLCM Dissimilarity（0°） GLCM Dissimilarity（45°） GLCM Dissimilarity（90°）

续表

特征类型	具体对象特征
纹理特征	GLCM Dissimilarity（135°） GLCM Mean（all dir.） GLCM Mean（0°） GLCM Mean（45°） GLCM Mean（135°）

计算出影像对象的特征后，将训练样本投入随机森林分类器中进行训练，之后将未知类别的影像对象投入训练好的模型中得到建筑物提取结果。

5.4 建筑物提取结果分析

5.4.1 精度评定方法

这里使用精确率、召回率、交并比三个指标对 GF-2 影像建筑物提取结果进行了精度评价，通过对建筑物提取结果和对应标签进行逐像素的统计计算得到精度结果。精确率、召回率、交并比三者的概念已在 3.6.1 小节中叙述，此处不再赘述。

研究区 GF-2 影像中建筑物分布较复杂，且建筑物边界在 0.8m 分辨率影像中比较模糊，人工绘制建筑物标签时难以精确绘制建筑物边界，因此也存在一定误差。考虑到影像中建筑物和非建筑物的边界具有一定模糊性，在评定 GF-2 影像建筑物提取结果的精度时

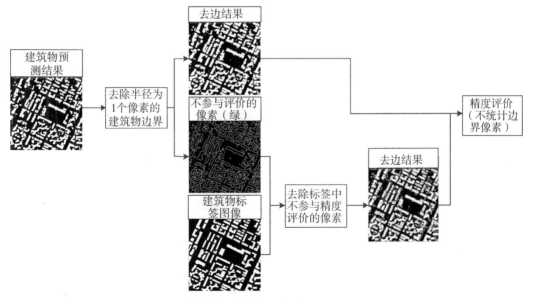

图 5-8 去除建筑物边界流程图

去除掉分布在类别边界上的不确定像素，如果在评定精度时包含这些像素，会导致精度评定结果受局部分类结果差的影响而不能反映真实建筑物提取结果的精度。如图 5-8 所示，在精度评定之前先去除建筑物提取结果中半径为 1 个像素的建筑物边界，该边界不参与精度评价的统计，然后使建筑物标签图像减去不参与精度评价的像素，得到参与精度评价的建筑物标签图像，最终在剩余像素上进行逐像素的精度评价。

5.4.2　结果分析

GF-2 影像所在研究区中的建筑物复杂多样，这源于长春市老城区历史久远，在几十年的发展中城市建设区不断扩大，城市建筑物越建越多，因此研究区的建筑物以各种形态存在，且多与其他人造地表容易混淆，在提取上存在一定难度。为测试提出的网络模型，从研究区中选择了几块具有代表性的区域，尺寸均为 640×640，并为其人工绘制了建筑物的像素级标签，使用单输入模型、双输入模型及面向对象的方法对其中的建筑物进行了提取，并对结果做了具体的分析。

这里首先选择了几块代表性区域对面向对象方法及本章所设计的深度学习模型进行了建筑物提取测试，以下为几个测试区域的建筑物提取结果。

测试区域 1：地物混淆严重的区域（图 5-9、表 5-4）。

表 5-4　　　　　　　　　　测试区域 1 的建筑物提取结果精度评价

方法	Precision(%)	Recall(%)	IoU(%)
面向对象	77.71	61.76	52.46
双输入模型	87.70	82.57	74.00

测试区 1 的面向对象的建筑物提取结果中[图 5-9(c)、(d)]道路与建筑物混淆严重，如图中圈定区域 1 内，而双输入模型的建筑物提取结果[图 5-9(e)、(f)]在很大程度上改善了这点；圈定区域 2 和 3 内操场在面向对象方法中被误分为建筑物，而在双输入模型中能够完全将其与建筑物区分开；通过圈定区域 4 内可以看出，双输入模型能够有效提高建筑物的提取精度。

测试区域 2：地物混淆严重的区域（图 5-10、表 5-5）。

表 5-5　　　　　　　　　　测试区域 2 的建筑物提取结果精度评价

方法	Precision(%)	Recall(%)	IoU(%)
面向对象	87.88	43.85	41.35
双输入模型	86.51	72.48	65.13

测试区 2 中建筑物与水泥地广场(如图 5-10 的圈定区域 1 内)及建筑物周边平地(如图 5-10 的圈定区域 2 内)在面向对象的分类结果中[图 5-10(c)、(d)]混淆非常严重，以致其建筑物提取结果的召回率只有 43.85%，而双输入模型在很大程度上将建筑物与以上混

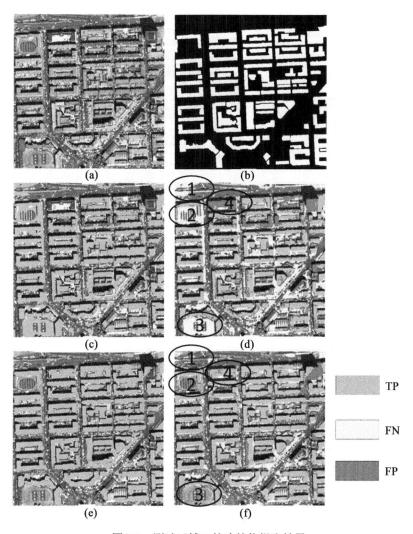

图 5-9 测试区域 1 的建筑物提取结果

[(a)和(b)为原始 RGB 波段显示影像和建筑物标签图像，(c)和(d)为面向对象方法的建筑物提取结果以及建筑物提取结果和标签的重叠图，(e)和(f)为双输入模型的建筑物提取结果以及建筑物提取结果和标签的重叠图]

淆严重的地物区分开来，在几乎不损失建筑物提取精确率的前提下极大地提高了建筑物提取结果的召回率，达到 72.48%，比面向对象方法的召回率提高了 28.63%。

测试区域 3：建筑物边界不平滑区域(图 5-11、表 5-6)。

在测试区域 3 上，双输入模型的建筑物提取结果[图 5-11(d)]相比面向对象的建筑物提取结果[图 5-11(c)]，精度提高有限，但该区域内建筑物边界呈锯齿状，以致面向对象方法提取出的建筑物边界不够平滑，如圈定区域 1 和 2 内，而双输入模型由于卷积具有平滑的作用，因此提取出的建筑物边界相对平滑完整。

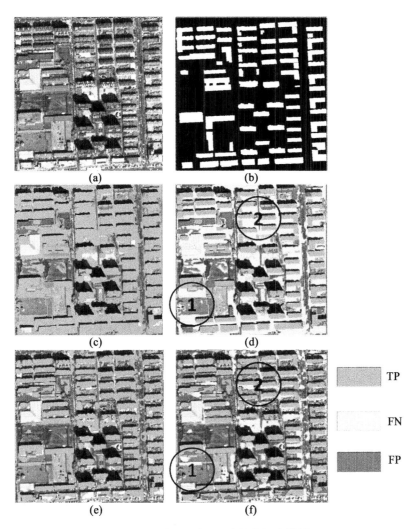

图 5-10　测试区域 2 的建筑物提取结果

[（a）和（b）为原始 RGB 波段显示影像和建筑物标签图像，（c）和（d）为面向对象方法的建筑物提取结果以及建筑物提取结果和标签的重叠图，（e）和（f）为双输入模型的建筑物提取结果以及建筑物提取结果和标签的重叠图]

表 5-6　　　　　　　　　　测试区域 3 的建筑物提取结果精度评价

方法	Precision(%)	Recall(%)	IoU(%)
面向对象	63.92	65.17	47.64
双输入模型	74.31	67.13	54.49

　　为测试本章的单输入模型与双输入模型，从研究区中选择出一块建筑物分布密集、形态多样且排列方式复杂的区域进行建筑物提取测试，以下为该区域的建筑物提取结果。

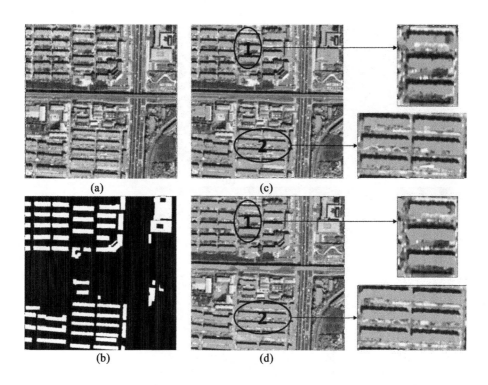

图 5-11 测试区域 3 的建筑物提取结果

[(a)和(b)为原始 RGB 波段显示影像和建筑物标签图像，(c)为面向对象方法的建筑物提取结果，(d)为双输入模型的建筑物提取结果]

测试区域 4：建筑物密集区域(图 5-12、表 5-7)。

表 5-7 测试区域 4 的建筑物提取结果精度评价

方法	Precision(%)	Recall(%)	IoU(%)
单输入模型	81.72	82.14	69.39
双输入模型	87.23	84.47	75.17

测试区域 4 中建筑物分布比较密集且复杂，单输入模型的建筑物提取结果中[图 5-12 (c)、(d)]有许多建筑物被错分为非建筑物，如(d)中深色区域(FP)。而双输入模型的建筑物提取结果中[图 5-12(e)、(f)]大部分建筑物被正确地提取出来。例如，圈定区域 2、3、4 内的建筑物在单输入模型中几乎全未被识别和提取出，而在双输入模型中均得到有效的提取；圈定区域 1、5 中的建筑物在单输入模型中未被完整提取，而在双输入模型中得到较为完整的提取。因此从表 5-7 中可以看出，双输入模型的建筑物提取精确率 87.23%较单输入模型的建筑物提取精确率 81.72%有了较大幅度的提升，且双输入模型的建筑物提取的交并比指标比单输入模型提高了 5.78%。

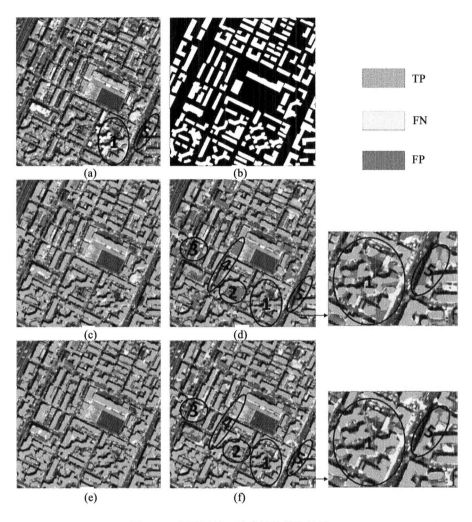

TP

FN

FP

(a) (b)

(c) (d)

(e) (f)

图 5-12 测试区域 4 的建筑物提取结果

[(a)和(b)为原始 RGB 波段显示影像和建筑物标签图像, (c)和(d)为单输入模型的建筑物提取结果以及建筑物提取结果和标签的重叠图, (e)和(f)为双输入模型的建筑物提取结果以及建筑物提取结果和标签的重叠图]

综上测试结果表明, 本章设计的深度学习模型对 GF-2 影像建筑物信息的提取相比面向对象方法, 在各项精度指标上均有较大的提升; 而双输入模型较单输入模型, 在 GF-2 影像的建筑物信息提取上有进一步的精度提升。

第6章　深度学习支持城市建筑物阴影提取

6.1　研究背景

建筑物阴影是高层建筑物遮挡太阳光线,造成被遮挡区成像条件受限,在影像相应位置产生较暗区域的现象(刘辉等,2013)。随着遥感技术的发展,IKONOS、QuickBird、WorldView及高分二号等高分卫星相继升空,其数据产品已经逐渐成为城市基础地理数据获取的重要来源,为城市管理提供详细、丰富的信息支撑。城市建筑物作为城市的重要组成部分,影像中存在大面积阴影,造成所覆盖建筑物信息的丢失,影响了信息提取的精度,增加了数据后处理的工作量。因此,进行城市建筑物阴影的高效提取具有重要意义(纪田峰等,2017)。

近年来,国内外学者在建筑物阴影提取方面进行了大量研究。Arevalo 等(2008)根据阴影在 HSV 模型中的不变性,将阴影与黑色区域分解,实现阴影检测;Song 等(2014)运用形态学思想,实现了 QuickBird 和 WorldView-2 中阴影的提取;武丹等(2017)提出一种基于谱间关系的针对高大地物的阴影提取模型;杨兴旺等(2015)利用多峰阈值算法自动检测阴影区域。目前,阴影检测方法可归纳为基于模型的或基于图像处理的,这两种方法也成为阴影提取研究的主要方向(姚花琴等,2015)。

深度学习作为机器学习中一个新的领域,因其强大的信息提取能力而受到越来越多学者的关注(Lu et al.,2017)。本章在分析阴影特性的基础上,通过引入深度学习机制,构建全卷积神经网络(FCN)模型提取阴影,并利用后处理方法去除干扰项,最终实现城市建筑物阴影的有效提取。

6.2　研究区及数据

这里以吉林省长春市宽城区为研究区,高分二号(GF-2)影像为数据源。考虑到数据的可取性及后期实验的可实施性,宽城区 GF-2 为 2015 年 6 月的无云影像。宽城区城市建筑物所占比例较大,类型丰富,选取整个区域作为训练 FCN 的样本采集区。因影像覆盖范围太大,图 6-1(a)只显示了宽城区的部分。图 6-1(b)、(c)是在(a)中选取的两个典型的阴影提取实验区,大小都为 964×644 个像元。其中,实验区 1 建筑物密集,多为高楼;实验区 2 含有大量植被。

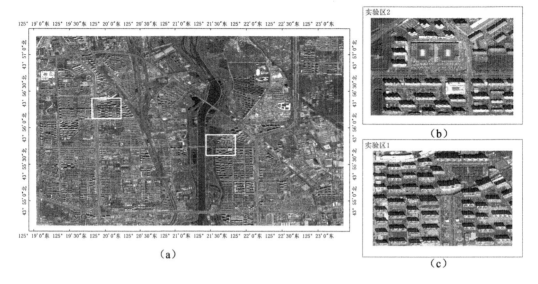

图 6-1　研究区示意图

6.3　方　　法

这里涉及的建筑物阴影信息提取方法包括两种：基于深度学习的城市建筑物阴影提取方法（Deep Learning Building Shadow Extraction，DBSE）及面向对象的城市建筑物阴影提取方法（Object-oriented Building Shadow Extraction，OBSE）。基于深度学习的城市建筑物阴影提取方法包括两部分内容：①构建全卷积神经网络（FCN）提取阴影信息；②对获取的阴影信息进行后处理，利用 NDVI 指数、光照方向空间关系等技术，去除干扰阴影。

6.3.1　全卷积神经网络（FCN）模型

根据研究目标，这里选择全卷积神经网络（FCN）作为深度学习模型的框架，通过语义分割实现影像阴影的提取。图像语义分割是从像素的角度对图像进行分类，可以识别图像中特定的物体或对象（Long et al.，2014），实现信息的高精度提取。

FCN 把 CNN 模型末端的全连接层变为卷积层，使得到的输出结果是一个至少二维的分割图。基于这种结构特点，FCN 实现语义分割使用了三种技术：卷积化、上采样及跳跃结构。卷积化与普通的分类网络（如 VGG16，ResNet50/101 等）相同，包括卷积层和池化层。卷积层可获取影像的光谱、纹理等特征信息，输出特征图；池化层对特征图降维，减少计算量，在一定程度上保证对输入影像的不变性。上采样即反卷积，包括反卷积层和反池化层，与卷积化中的卷积层和池化层相对应。上采样主要放大经卷积化处理的图像的尺寸，得到和原图等大的分割图。网络模型经卷积化和上采样等操作输出的图像粗糙，跳跃结构可填补图像丢失的细节数据，优化结果（潘旭冉等，2018）。

这里选取 FCN 作为深度学习模型，通过多层卷积提取影像中的光谱、纹理及形状特征（Simoyann，Zisserman，2014），并利用光照方向空间关系和 NDVI 指数去除干扰阴影，实现城市建筑物阴影的提取。该阴影提取方法避免了传统光谱分割过程中椒盐噪声的影响，还在一定程度上克服了面向对象方法依赖于分割结果的局限性。具体流程图如图6-2所示。

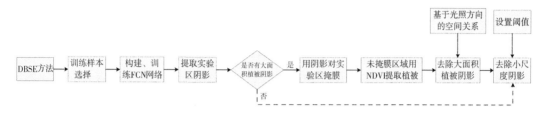

图6-2 基于深度学习的建筑物阴影提取流程

阴影样本是阴影信息提取模型构建的基础，通过目视解译的方法，从宽城区选取样本，并按照标准格式进行存储，形成建筑物阴影信息提取样本库。阴影信息提取样本库中包括阴影正样本150个，阴影负样本150个，样本大小为100×100个像元，为了防止样本量过少，在网络训练过程中产生过拟合的现象，通过尺寸抖动的方式对样本库进行扩充，使样本总数变为1500个。从正负两种阴影样本中分别随机抽取50个作为测试集，剩余部分为训练集，对FCN进行训练及测试。部分样本示例如图6-3所示。

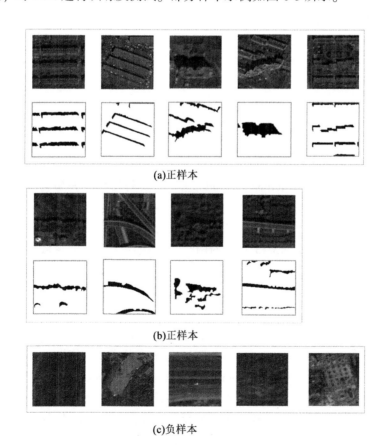

(a)正样本

(b)正样本

(c)负样本

图6-3 建筑物阴影提取部分样本库示例

从图 6-3 中可以看出，正样本中包括原始影像数据和像素级标签，阴影的类型有建筑物阴影、植被阴影及高架桥阴影等。负样本只包含原始影像数据，类型都为无阴影的物体。FCN 对影像进行语义分割，提取阴影信息，类似于二分类，阴影信息为一类，非阴影信息为另一类。

为了实现建筑物阴影信息的提取，本章搭建了 FCN 模型，如图 6-4 所示。模型包括下采样与上采样两部分，每部分都包括 7 层网络(不包括池化层)，其中，下采样部分(Convolution Network)对应于卷积化处理过程，上采样部分对应于上采样处理过程，跳跃结构在两部分中都存在。

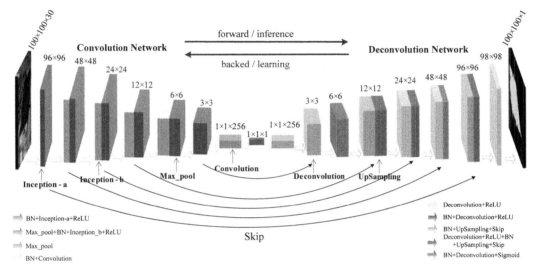

图 6-4　全卷积神经网络模型

下采样部分(图 6-4，Convolution Network)采用了交替使用卷积层与池化层的 VGG 模型结构(Szegedy et al. ，2016)，其模型中的卷积层用多尺度的 Inception V3 代替，池化层采用最大池化(Max_pool)，窗口大小为 2×2，步长为 2，减少了数据冗余。Inception V3 结构将 3×3 的卷积核，分解为 1×3 和 3×1 的两个小卷积核，减少了参数数量，加速运算。针对 FCN 模型中下采样的不同阶段，构建了两种 Inception 结构，如图 6-5(a)、(b)所示，这两种结构都有 4 个小分支，每个分支下有 1~5 层不等的小网络。Inception-a 是对输入的原始影像进行处理，把其 F 采样为 96×96 的大小；Inception-b 是对 FCN 模型中的特征图进行处理，在保证特征图大小不变的情况下，增加对特征的收集能力。

上采样部分(图 6-4，Deconvolution Network)与下采样部分相对应，也使用了交替的"反卷积层–反池化层"。反卷积层(Deconvolution)和卷积层都是相乘相加的运算，但后者是多对一，前者是一对多，且反卷积层的前后向传播与卷积的前后向传播相反；反池化层(UpSampling)是池化的逆运算，本模型中采取反最大池化，其窗口大小及步长与池化层相同。反最大池化要求在池化过程中记录最大激活值的坐标位置，并在反池化时把最大激活值位置的坐标值激活，其他值设置为 0，实现对反卷积结果升维操作。跳跃结构如图 6-4

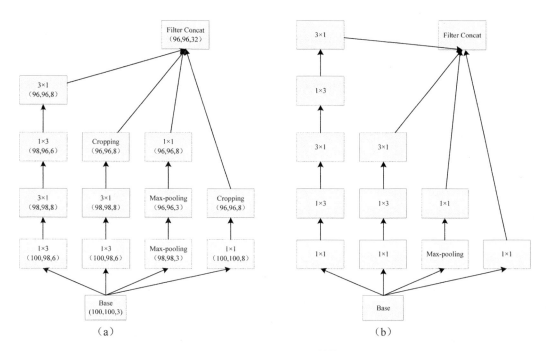

图 6-5 Inception V3 结构

中 Skip Layer 部分，本模型中使用了 6 次，它的实现需要上采样和下采样两部分中的结果。跳跃结构将上采样过程中粗的、语义的信息与下采样过程中局部的、位置的信息融合起来，达到拟补细节信息的作用(Simoyann，Zisserman，2014)。

在 FCN 模型中，需要对数据进行规范化处理，这里使用批量标准化层（Batch Normalization，BN)（鲁恒等，2015)，它不仅可以加快模型的收敛速度，而且在一定程度上可以缓解网络中"梯度消失"的问题，使得训练的深度网络模型更加稳定。BN 对本模型中的数据进行批标准化处理，可用于网络中任意一层，解决了之前归一化操作只在数据输入层的限制，成为神经网络训练过程中使用较多的优化方法。

激活函数为 ReLU(Rectified Linear Unit)，是一个分段线性函数，公式如式(6-1)所示。可以看到 ReLU 函数中，输入值为负，输出值为 0，而输入值为正，输出值不变，这种操作称为单侧抑制。当 ReLU 用于神经网络时，这种单侧抑制使得神经网络中的神经元具有稀疏激活性，能够更好地挖掘相关特征。经实验发现，ReLU 表达能力更强，计算速度是双曲正切函数的 6 倍(马浩然等，2014)。

$$\mathrm{ReLU}(x) = \begin{cases} x, & x > 0 \\ 0, & x \leq 0 \end{cases} \tag{6-1}$$

因阴影信息识别本质上属于二分类问题，则在模型的结果输出层，用到 sigmoid 分类函数，它将上一层输出的元素值映射到 0~1，并对每个像素做出类别预测，在 FCN 模型中将值大于 0.5 像素归为阴影，否则归为背景，最后得到阴影的二值图。

6.3.2　阴影后处理方法

在 GF-2 影像研究区域，获取的阴影信息会存在干扰项，主要分为两类：小尺度阴影及大尺度植被阴影。这两种阴影在后处理中都需要去除。小尺度阴影包含的类别多（如道路阴影、树木阴影或汽车阴影）、尺度小，基于尺度差异采用阈值选择的方式去除。首先对实验区 1、2 获取的各阴影对象的面积进行统计分析，然后设定两个区域去除小尺度阴影的阈值大小，经分析确定为面积小于 $50m^2$，具体流程如图 6-2 虚线所示。

因所有阴影都存在所对应的地物，它们在光照方向上具有特定的空间关系，图 6-6 描述了植被与植被阴影之间的空间关系，浅灰色区域表示植被，黑色区域表示植被阴影，α 表示光照方向（会随着时间的推移发生变化），W 表示植被与植被阴影的公共点，θ 为 W 点在坐标系中的方向角，计算公式如式（6-2）所示。当植被对象与某一阴影对象存在公共点 W 时，判定该阴影对象为植被阴影，需要去除，否则保留阴影对象。基于此原理，利用光照方向空间关系方法去除植被阴影。

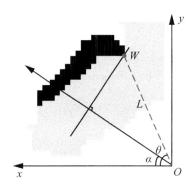

图 6-6　光照方向空间关系图

$$\theta = \arccos\left(\frac{x_W - x_O}{\sqrt{(x_W - x_O)^2 + (y_W - y_O)^2}}\right) \tag{6-2}$$

式中，(x_W, y_W)，(x_O, y_O) 分别为 W 点和 O 点的坐标。

根据光照方向空间关系，去除植被阴影的具体步骤如图 6-2 后半部分所示，主要内容为：①利用获取的阴影信息与实验区域进行掩膜。②反求未掩膜区域，对其利用归一化差异植被指数（NDVI），公式如式（6-3）所示，采取阈值选择的方法提取植被信息，阈值的大小设置为 NDVI≥0.2，

$$NDVI = \frac{NIR - R}{NIR + R} \tag{6-3}$$

式中，NIR 为近红外波段反射率值；R 为红光波段反射率值。③遍历每个阴影对象，计算阴影对象中每个点到假定光源 O 在光照方向 α 上的映射距离 L，计算公式如式（6-4）所示。④找到使每个阴影对象的映射距离最短的那个点 W。⑤遍历提取到的每个植被对象的点，若有与 W 重合的点，则将该阴影对象视为植被阴影并将其删除，反之，将该阴影对象视

为非阴影并保留。

$$L = \sqrt{(x_W - x_O)^2 + (y_W - y_O)^2} \cos(|\theta - \alpha|) \qquad (6\text{-}4)$$

6.4 结果及分析

为了验证本章所设计的方法提取阴影的有效性,与传统面向对象分类方法(OBSE)进行了对比实验。首先,借助 ESP2(Estimation of Scale Parameter)尺度评价工具,确定实验区 1 和实验区 2 的最优分割尺度为 2。然后,选择亮度特征(Brightness)及自定义特征 S 作为阴影信息提取的特征方法,其中自定义特征 S 的公式为

$$S = \frac{\overline{R} + \overline{G} + \overline{B} + \overline{NIR}}{4} \qquad (6\text{-}5)$$

式中,$\overline{R}$、$\overline{G}$、$\overline{B}$、$\overline{NIR}$ 分别表示影像中红、绿、蓝、近红外波段的均值。

最后,使用监督分类中最小距离法进行阴影信息的提取,并进行阴影后处理操作。

6.4.1 城市建筑物信息提取结果

如图 6-7 所示,(a)、(c)、(e)、(g)是两种方法的城市建筑物阴影提取结果,(b)、(d)、(f)、(h)是阴影提取结果与标签的对比图,阴影标签是通过人工勾绘得到的,精度高,可以作为参考数据使用。从对比图目视可以发现,DBSE 方法获取的城市建筑物阴影更完整,破碎斑块少,与真实阴影的一致性更好,匹配度更高。

从阴影提取结果如图 6-7(a)、(c)、(e)、(g)中黄色部分可知,两种方法对面积较大的城市建筑物提取结果相当,但 DBSE 方法对细小的建筑物更敏感,提取结果更好。主要是因为全卷积神经网络可以获取建筑物阴影更丰富的特征,而面向对象只能根据选定的特征进行信息提取,这也是面向对象方法的一个不足之处。

由于面向对象方法特征选择的局限性,还容易造成错分现象,尤其是裸地与阴影的混淆,两者光谱特征接近,如提取结果图中黄色部分,DBSE 方法可以实现阴影与裸地的分离,改善阴影错分现象,提高城市建筑物阴影信息提取的精度。

6.4.2 精度评价

遥感影像数据信息提取精度一般是通过用户精度、制图精度、总体精度、Kappa 系数等进行说明。

这里以人工手绘标签为参考数据,分别对两种方法得到的城市建筑物阴影信息提取结果进行评价,结果如表 6-1 所示。

经计算得到的结果显示:实验区 1,DBSE 方法提取的城市建筑物阴影总体精度为 97.5%,Kappa 系数为 0.93,OBSE 方法得到的城市建筑物阴影总体精度为 96.2%,Kappa 系数为 0.90;实验区 2,DBSE 方法提取的城市建筑物阴影总体精度为 98.1%,Kappa 系数为 0.93,OBSE 方法得到的城市建筑物阴影总体精度为 97.2%,Kappa 系数为 0.90,详细结果如表 6-1 所示。从表中可以发现,两种方法得到的城市建筑物阴影信息提取结果的

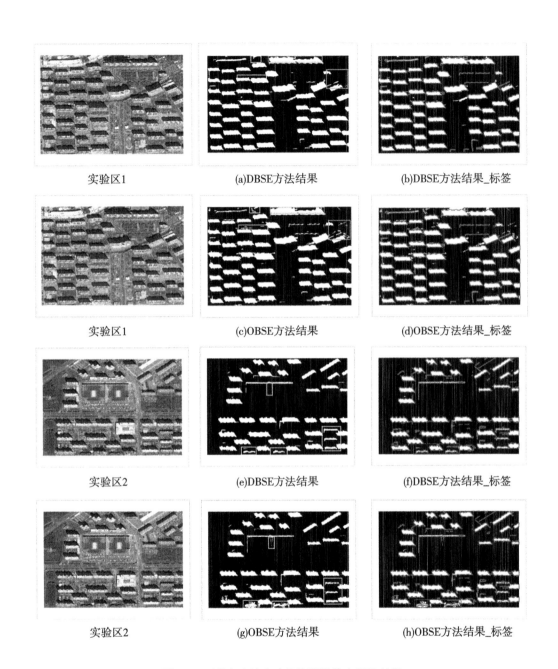

实验区1 　　　　　 (a)DBSE方法结果 　　　　　 (b)DBSE方法结果_标签

实验区1 　　　　　 (c)OBSE方法结果 　　　　　 (d)OBSE方法结果_标签

实验区2 　　　　　 (e)DBSE方法结果 　　　　　 (f)DBSE方法结果_标签

实验区2 　　　　　 (g)OBSE方法结果 　　　　　 (h)OBSE方法结果_标签

图 6-7　两种方法城市建筑物阴影信息提取结果
(结果图中白色部分表示提取阴影,红色部分表示真实阴影)

制图精度、总体精度相差较小,而用户精度、Kappa 系数有一定差异,且在不同区域同一方法的精度高于用户精度。但总体来说,DBSE 方法得到的城市建筑物阴影信息提取结果略高于 OBSE 方法,这也说明了利用 DBSE 方法进行城市建筑物阴影信息提取的可行性。

此外，DBSE 方法还可以在一定程度上弥补 OBSE 方法提取城市建筑物信息的不足，如提取结果的完整性，阴影错分及面向对象分类特征选择的局限性等问题。

表 6-1 实验区混淆矩阵

		DBSE 方法			OBSE 方法		
		非建筑物阴影(像元数)	建筑物阴影(像元数)	合计	非建筑物阴影(像元数)	建筑物阴影(像元数)	合计
实验区 1	非建筑物阴影	466332	5137	471469	457884	5130	463014
	建筑物阴影	10115	139232	149347	18563	139239	157802
	合计	476447	144369	620816	476447	144369	620816
	用户精度(%)	93.2			88.3		
	制图精度(%)	96.4			96.5		
	总体精度(%)	97.5			96.2		
	Kappa	0.93			0.90		
实验区 2	非建筑物阴影	516433	4610	521043	513203	6877	520080
	建筑物阴影	7404	92369	99773	10634	90102	100736
	合计	523837	96979	620816	523837	96979	620816
	用户精度(%)	92.6			89.4		
	制图精度(%)	95.3			92.9		
	总体精度(%)	98.1			97.2		
	Kappa	0.93			0.90		

6.5　结　论

通过 DBSE 方法实现了阴影信息自动提取，并设计后处理方法去除干扰项，最终得到较高精度的城市建筑物阴影信息提取结果。为了说明该方法的可行性，与面向对象方法(OBSE)进行对比分析，我们发现本章所设计的 DBSE 方法阴影信息提取的完整性更好，边界处与真实阴影一致性更高，且更容易区分与阴影光谱特征相似的地物，如裸地等，改善了阴影错分现象。

DBSE 方法也存在一些不足：首先用于网络训练的数据集因获取困难，数据量少，限制了网络使用的广泛性；其次本章中的 DBSE 方法主要用于城市中高大建筑物阴影的提取，后续工作中将尝试用于矮小建筑物阴影的提取，实现对 DBSE 方法进一步的改进。

综合表明，利用深度学习的方式实现城市建筑物阴影信息的提取具有一定优势，也为建筑物阴影信息提取提供了一个新的思路。

第7章　多分类器组合的地表要素分类方法

7.1　研究背景

目前，卫星遥感越来越朝着高空间分辨率方向发展，世界上的亚米级遥感影像如美国的 QuickBird、IKONOS、WorldView 系列以及法国的 Pleiades-1 等，都得到了广泛的应用。高分二号(GF-2)卫星作为我国"高分辨率对地观测系统重大专项"的重要项目，于 2014 年 8 月 19 日发射成功，是我国第一颗分辨率优于 1m 的民用陆地卫星，将我国带入了亚米级高分时代(韩启金等，2015)。

高分二号卫星搭载两台相同的 0.81m 全色/3.24m 多光谱相机，通过两台相机的拼接，影像可以达到 45km 的幅宽。高分二号影像具有 1 个全色波段，光谱范围是 450~900nm 和 4 个多光谱波段，即蓝波段(450~520nm)、绿波段(520~590nm)、红波段(630~690nm)和近红外波段(770~890nm)，与国际同类卫星的波段设置基本相同(孙攀等，2016)。与 WorldView、IKONOS、QuickBird、Pleiades 等国际同类型数据相比，GF-2 遥感数据应用已经达到或超过国际同类或相近数据的水平，可以实现土地利用动态监测、城乡精细化管理、风景名胜区资源保护、城市园林绿地评价以及城市建筑节能等业务化应用(潘腾等，2015)。

本实验基于面向对象方法，借助于面向目标对象分类的图像处理软件——eCognition，用同一批样本，同一特征空间，运用贝叶斯(Bayes)、K-最邻近(KNN)、支持向量机(SVM)、分类回归树(CART)、随机森林(RF)五种方法对影像进行分类。实验结果表明 SVM 和 Bayes 的分类效果较好，而且对于道路和建筑-商业类别分类，Bayes 精度更高。考虑到每种分类器都没有绝对的好坏，即使某一种分类器的总体分类精度高于其他分类器，但也许它对个别类别的提取并不擅长，因此，组合分类器受到了很多学者的厚爱。郑文武、曾永年(2011)基于信息相关理论，根据相关度值动态调整分类器的组合和权重，建立了新型的多分类器集成规则，并应用于决策树分类器、BP 人工神经网络分类器和 SVM 分类器的集成。陈忠(2006)提出一种结合投票规则、最大后验概率的专家规则和 Multi-agent 模型的混合判别多分类器融合综合规则。彭正林、毛先成等(2011)选取分类性能以及多样性好的马氏距离、SVM 和最大似然 3 种分类器作为子分类器，自定义规则对简单投票法、最大概率类别法以及模糊类别积分法进行组合，对航摄数字正射影像分类。方文、李朝奎等(2016)采用级联和并联相结合的方式对多种子分类器进行组合，利用改进的基于先验知识的投票表决规则，实现遥感影像分类。陈利军等(2012)在 30m 全球地表覆盖遥感分类方法的研究中基于单一算法缺乏通用性而提出一种层次分类决策的思想，采取单要素分层掩膜分类方法，逐次完成单一地物类型的提取，完成后予以掩膜并继续进行下一类地物的提取，在很大程度上减少了其他不相关地物对单要素提取算法的影响。我们尝试利用 Hellden 值作为评估指标，优选出适合于不同地物类型的面向对象分类方法，构建组合分类器，逐次实现单一地物类型的提取，进而达到提高 GF-2 影像分类精度的目的。

7.2 研究区及数据

7.2.1 研究区

本章以长春市北部的部分区域为研究区，范围为东经 125°16′5.74″—125°24′27.76″，北纬 43°54′5.27″—43°58′52.62″(图 7-1)。该区域位于城乡交界处，地物类型特征丰富，包含绿园区、宽城区、二道区部分城区以及周边乡村与农田，长春北湖湿地公园、长春站及长春北站均在该区域内。

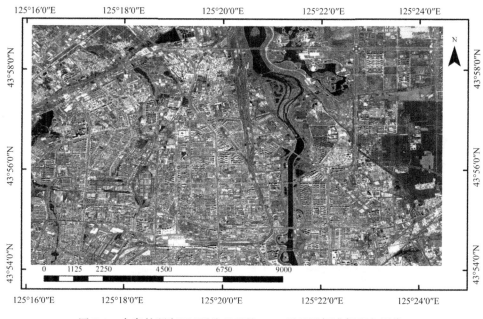

图 7-1　本章的研究区(预处理后的 GF-2 号卫星标准假彩色影像)

7.2.2 数据及数据预处理

这里采用 2015 年 6 月 15 日的 GF-2 1A 级卫星多光谱和全色影像，以 30m 的 ASTGTM 数据为高程基准对 GF-2 全色和多光谱数据进行正射纠正，对纠正后的影像利用 Gram-Schmidt 算法将多光谱数据和全色数据进行融合处理，对处理后的数据利用研究区矢量图进行裁切，得到研究区 0.8m 空间分辨率的多光谱遥感数据。

7.3 方 法

7.3.1 影像分割

面向对象的分类方法将影像分割成一个个含有丰富信息的小斑块,不仅可以利用影像的光谱信息,还能利用影像上地物类型的形状特征、纹理特征等,同时能在分类中有效地减少基于像素分类带来的椒盐噪声,从而使得分类结果连续性较好,非常适合高分辨率影像的分类(王慧贤等,2015)。面向对象分类首先要对影像进行分割,这里采用多尺度分割算法对 GF-2 影像进行分割。分割方法是自底向上的区域合并法,先生成种子点,再结合光谱异质性和形状异质性原则来控制图像的分割尺度。其中包含尺度参数(Scale Parameter)、形状因子(Shape)和紧致度(Compactness)三个参数,确定了这三个参数,也就确定了光谱因子和平滑度。本实验尝试了多种分割参数,用 RF 方法对各分割后的影像分类,以分类结果的总体精度和 Kappa 系数并结合分类所耗费时间等作为指标因素来评价分割效果,最终选择的分割参数为 Scale = 50,Shape = 0.1,Compactness = 0.5,以此分割参数进行后续实验。

7.3.2 影像分类

表 7-1 列举了常见的典型地物类型和对应的影像,并且对相应类型进行特征描述。

表 7-1 本章选样解译标志参考

类别	解译实例	描 述
水体		颜色较暗,表面平滑,本书将水体又细分为三个子类:较暗、较亮、细河流
农田		纹理细腻,本书将农田按亮暗分为两个子类

续表

类别	解译实例	描 述
阴影		黑色，多在建筑旁
道路		灰色，条状
乔灌		432 波段组合下呈比较鲜亮的红色，分布较浓密
草地		432 波段组合下呈比较暗的红色，分布较稀松
裸地		棕色，趋向黄色
未知		颜色较深，发黑，影像上看似堆状
商业建筑		房屋面积一般更大，颜色更明亮，本书根据颜色将商业建筑细分为蓝、红、灰、白亮四个子类

续表

类别	解译实例	描　　述
居住建筑		房屋面积小，分布更规律，颜色相对较暗，本书根据颜色将居住建筑细分为蓝、红、灰、白亮四个子类

1. 单分类器分类

根据 7.1 节内容，本实验采用的五种分类方法均属于监督分类。Bayes 分类器是一种基于贝叶斯定理的概率统计性的分类器（王双成等，2012），根据给定样本属于某一个具体类的概率对其进行分类。KNN 是一种基于距离的分类算法。它采用欧氏距离来度量待分类数据与训练样本的相似度（张著英等，2008），K 即是与待分类样本距离最近的训练样本的个数。SVM 是 Vapnik 等（1995）根据统计学习理论和结构风险最小提出的学习分类方法。它通过核函数将低维特征空间变换到高维特征空间实现线性可分，然后寻找最优超平面实现分类。核函数是 SVM 的一项重要参量，常用的核函数有线性核函数、多项式核函数、径向基核函数等（杨长坤等，2015）。CART 和 RF 都是由 Leo Breiman 等（2001，2015）提出的分类算法，CART 是一种决策树构建算法，RF 是一种多决策树集成的分类器。CART 先依据基尼系数（Gini Index）（陈云等，2008）对训练样本的属性进行分割，从而生成一棵二叉树，然后通过剪枝解决二叉树的过拟合问题，使其优化成一棵兼顾复杂度和正确率最优的二叉树。RF 结合了 Leo Breiman 本人的 Bagging 思想与 Tin Kam Ho 的随机子空间方法，通过随机地选取训练样本与特征生成多棵决策树，然后用投票方式预测最终类别。RF 相较于单个决策树具有更佳的鲁棒性和泛化性。

2. 组合分类器设计

组合分类器的设计思路是先找出各地物类型的最佳分类算法，再将各地物类型的分类精度由高到低排列，采用精度最高的分类器进行逐地物类型地提取。具体流程如图 7-2 所示。

制图精度（PA）和用户精度（UA）是衡量每类地物分类好坏的重要指标。易混淆地物之

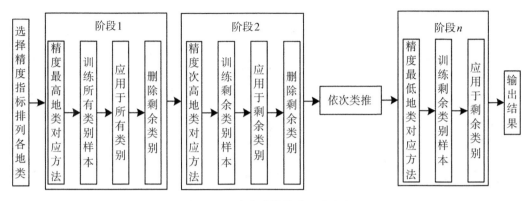

图 7-2　组合分类器构建思路流程

间的 PA 及 UA 的相互影响相对较大。若单独以 PA 或者 UA 作为精度指标对各地物类型进行排列，对于 PA 或 UA 一高一低的地物类型来说，势必还会导致它的错分或漏分的情况严重。为了综合考虑 PA 及 UA，这里采用了 Hellden 指标，Hellden 是 PA 和 UA 的数学函数，可以作为综合考量 PA 及 UA 的指标，其中 PA，UA 及 Hellden 的定义如下：

$$\text{PA} = \frac{P}{P_1} \tag{7-1}$$

$$\text{UA} = \frac{P}{P_2} \tag{7-2}$$

$$\text{Hellden} = \frac{2P}{P_1 + P_2} \tag{7-3}$$

以 PA 和 UA 的分母为权计算它们的加权平均值 E：

$$E = \text{PA} \times \frac{P_1}{P_1 + P_2} + \text{UA} \times \frac{P_2}{P_1 + P_2} = \frac{2P}{P_1 + P_2} \tag{7-4}$$

上述式中，P 为某类正确分类的像素个数；P_1 为验证样本中该类别的像素个数；P_2 为与验证样本像素对应的分类结果中被分为该类的像素个数。它们的加权平均值与 Hellden 值相等，因此 Hellden 值可以作为综合考量 PA 及 UA 的指标。

7.4　结果与结论

7.4.1　单分类器分类结果及精度比较

通过运用五种方法对影像分类，得到以下分类结果(图 7-3)。从图面质量来看，五种方法的分类结果相差不大，从精度评定参数可以对比分析不用方法对不同地物类型的识别效果(表 7-2)。

表 7-2 是五种方法的总体精度和 Kappa 系数以及对每类地物的制图精度及用户精度。

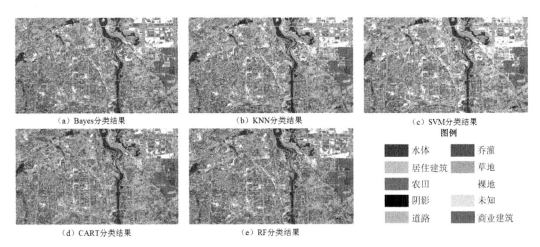

（a）Bayes分类结果　　　（b）KNN分类结果　　　（c）SVM分类结果

（d）CART分类结果　　　（e）RF分类结果

图 7-3　五种方法的分类结果

通过总体精度及 Kappa 系数可知，SVM 和 Bayes 两种方法可以达到较高精度，是两种较优的分类器。CART 分类器的效果与其他几种分类器相差较大，而 RF 作为决策树的集成版，则在分类精度上有一定程度的提高。

表 7-2　　　　　　　　　　　　　　五种方法分类精度对比表

精度(%)	Bayes		KNN		SVM		CART		RF		Bayes	KNN	SVM	CART	RF
	PA	UA	PA	UA	PA	UA	PA	UA	PA	UA	Hellden				
水体	91.46	75.76	86.59	89.87	86.59	98.61	89.02	58.40	90.24	69.16	82.87	88.20	92.20	70.53	78.30
农田	88.46	83.64	86.54	80.36	80.77	93.33	84.62	55.00	82.70	65.15	85.98	83.33	86.60	66.67	72.88
阴影	79.02	99.12	94.40	95.07	99.30	94.67	72.03	99.04	81.12	98.30	87.94	94.74	96.93	83.40	88.89
道路	76.67	80.70	72.50	74.36	70.83	73.28	55.83	76.14	66.67	83.33	78.63	73.42	72.03	64.42	74.07
乔灌	96.77	85.71	87.10	81.82	95.16	89.40	91.94	76.00	95.16	76.62	90.90	84.38	92.19	83.21	84.90
草地	86.49	90.57	87.39	87.39	91.90	92.73	71.17	84.95	79.28	90.72	88.48	87.39	92.30	77.45	84.62
裸地	85.90	91.78	82.05	75.30	93.59	83.90	65.38	80.95	80.77	82.90	88.74	78.53	88.48	72.34	81.82
未知	94.73	60.00	52.63	50.00	84.21	76.20	57.90	61.11	68.42	59.10	73.47	51.28	80.00	59.46	63.41
商业建筑	82.32	74.50	73.48	76.88	76.24	77.53	76.80	70.92	83.98	72.38	78.22	75.14	76.88	73.74	77.75
居住建筑	84.89	88.60	82.31	82.58	82.00	81.21	78.14	76.66	80.39	86.20	86.70	82.45	81.60	77.39	83.20
总体精度	84.56		82.14		84.81		74.80		80.93						
Kappa	0.8198		0.7910		0.8220		0.7055		0.7778						

对于各类地物，由水体、农田、乔灌、草地四种地物类型的分类结果可看出，Bayes、KNN、SVM 对它们的分类效果较好；而 CART 和 RF 对水体和农田做出较多的错分，因而用户精度较低，对乔灌和草地的区分相对不佳，对乔灌分类存在制图精度和用户精度一高一低、对草地分类一低一高的情况。阴影是易与水体和未知类别误分的一类，SVM 和 KNN 对阴影的制图及用户精度均达到一个较高的水平。未知类别由于区分度差，所有方法对其分类结果都不是很理想。道路、商业建筑类别和居住建筑类别丰富多样，且在特征上有一定相似程度，不易区分，其中居住建筑类别的分类好于其他两种。

7.4.2 组合分类器分类结果及精度评价

由表7-2数据比较可看出，各类地物最高 Hellden 值对应的方法为 Bayes 和 SVM 两种，但是对于有些地物类型，如阴影，KNN 对它的提取效果也很好，精度达到94.74%。依照实验结果从表7-2中选出各地物类型最高 Hellden 值对应的方法，按照表7-3所列顺序对地物类型逐一提取。

表7-3 组合分类器中地物类型提取顺序

序号	1	2	3	4	5	6	7	8	9	10
地物类型	阴影	草地	水体	乔灌	裸地	居住建筑	农田	未知	道路	商业建筑
Hellden(%)	96.93	92.30	92.20	92.19	88.74	86.70	86.60	80.00	78.63	78.22
分类器	SVM	SVM	SVM	SVM	Bayes	Bayes	SVM	SVM	Bayes	Bayes
阶段	I				II		III		IV	

由表7-3看出，存在相邻序号对应地物类型所用分类器相同的情况，若按照顺序逐一提取地物类型，则需要对各分类器训练和应用10次，会损耗更多时间。因此这里将相同分类器的相邻序号对应地物类型合并为1个阶段，整个组合分类器分为4个阶段进行分类(表7-4)。

表7-4 本书组合分类器地物类型提取流程

阶段	训练	应用	删除	提取出的类
I	所有10种类别	原始影像	裸地、居住建筑、农田、未知、道路、商业建筑	阴影、草地、水体、乔灌
II	裸地、居住建筑、农田、未知、道路、商业建筑	未分类影像区域	农田、未知、道路、商业建筑	裸地、居住建筑
III	农田、未知、道路、商业建筑	未分类影像区域	道路、商业建筑	农田、未知
IV	道路、商业建筑	未分类影像区域	无	道路、商业建筑

图 7-4 和表 7-5 分别为本书组合分类器分类结果及精度，其总体精度比单一分类器中精度最高的 SVM 提高了 2.68%，Kappa 系数比 SVM 提高了 3.17%。

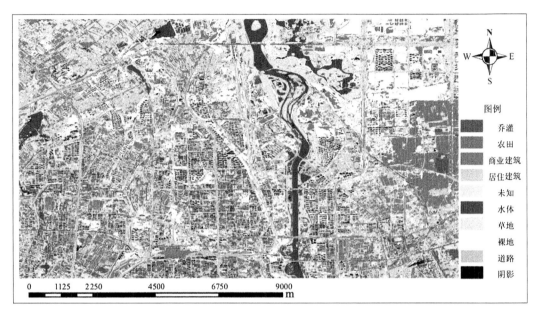

图 7-4 组合分类器分类结果

表 7-5 组合分类器分类精度表

分类编码	7	6	5	4	3	8	2	10	9	1	总计
混淆矩阵											
7	67	0	0	2	0	0	0	3	0	0	72
6	0	102	3	1	0	0	4	0	0	0	110
5	0	7	59	0	0	0	0	0	0	0	66
4	2	2	0	97	0	1	0	9	6	3	120
3	0	0	0	0	142	2	0	0	1	5	150
8	0	0	0	0	0	16	0	0	1	2	19
2	6	0	0	0	0	0	47	0	0	1	54
10	1	0	0	5	1	0	0	264	24	0	295
9	2	0	0	15	0	0	0	35	149	0	201
1	0	0	0	0	0	0	1	0	0	71	72
未分类	0	0	0	0	0	0	0	0	0	0	0
总计	78	111	62	120	143	19	52	311	181	82	

分类编码	7	6	5	4	3	8	2	10	9	1	总计
精度信息											
Producer	0.86	0.92	0.95	0.81	0.99	0.84	0.90	0.85	0.82	0.87	
User	0.93	0.93	0.89	0.81	0.95	0.84	0.87	0.90	0.74	0.98	
Hellden	0.89	0.92	0.92	0.81	0.97	0.84	0.89	0.87	0.78	0.92	
Short	0.81	0.86	0.85	0.68	0.94	0.73	0.80	0.77	0.64	0.86	
KIA Per Class	0.85	0.91	0.95	0.79	0.99	0.84	0.90	0.80	0.79	0.86	
Totals											
总体精度	0.87										
KIA	0.85										

注：1—水体，2—农田，3—阴影，4—道路，5—乔灌，6—草地，7—裸地，8—未知，9—商业建筑，10—居住建筑。

7.5　结　论

本章用五种方法对 GF-2 影像做了面向对象分类，并依照地物类型精度由高到低组合分类器对影像分类，最终得到较好的分类效果。在研阅大量相关研究成果后，此分类方法主要在以下两方面做了尝试：①依据地物类型精度由高到低逐一提取地物类型，使得提取精度高的地物类型保持高精度提取，提取精度低的地物类型在一定程度上能够提高提取精度；②综合考虑制图精度与用户精度，以 Hellden 值为精度指标选出提取各地物类型最好的分类器。

组合分类器的结果虽在总体精度上较单分类器有明显提高，但并没有提高所有单类地物的提取精度，甚至在一定程度上还牺牲了一些在单分类器中提取精度高的地物类型的精度。因此还可以从以下几方面为提高最终分类精度和各地物类型提取精度寻求突破：①寻找更好的分类器参数以提高单分类器分类精度；②根据各地物类型特有的光谱、形状和纹理特征为各地物类型设置特定的特征空间以提高分类精度；③寻求更佳的分类器组合方式以减小分类时地物类型之间的相互影响。

第8章 GF-1、GF-2卫星联合提取城市地表要素方法研究

8.1 研究背景

    土地利用/覆盖(Land Use Land Cover，LULC)是指地表的草地、森林和不透水表面等物理组成及特征或人类活动要素(如居民区、商业区、工矿区等)。由于LULC的任何变化都会影响地表的蒸发、蒸腾以及潜热通量、显热通量等，其分布对地球辐射平衡有显著影响，因此理解LULC的模式及其全球尺度或区域尺度的变化至关重要。卫星遥感已被证明是LULC制图最经济、有效和可靠的数据源。目前，国内和国际机构已经成功创建了20余套全球尺度的空间分辨率为1km、500m、300m、30m和12m的LULC数据集。这些现有LULC数据集为气候、水文、环境、生态和城市区域研究提供了基础地理信息。除了主要用于绘制人类居住区地图的全球城市足迹(Global Urban Footprint)，所有其他LULC数据集都不是专门用于绘制城市LULC地图的。在美国国家地表覆盖数据库(NLCD)中，城市LULC的四个主要等级分别是开放空间、低密度、中密度和高密度居住区。而在GlobeLand30数据集中，与城市有关的类别仅包含人造地表。在国际地圈-生物圈计划(IGBP)分类方案中，也仅有一种针对城市或城市建成区的LULC类型。

    作为中分辨率图像的补充，高分辨率(VHR)光学卫星传感器提供亚米像素分辨率的遥感图像以及详细的地球表面信息。尽管存在图像成本高、有阴影遮挡和地形位移等问题，但精细的空间分辨率图像已成为获取细类城市LULC地图的重要来源。许多亚米级空间分辨率传感器，如IKONOS、OrbView、QuickBird和WorldView，可以精确绘制城市和周边地区的LULC级别。这些精细的LULC信息可以在监测城市细微的变化、探测特大城市中的城中村、提取树冠等方面发挥作用。由于城市的高度复杂性和异质性特征，大多数利用VHR影像提取城市LULC均采用面向对象的分类算法或基于深度学习的语义分割，研究区覆盖面积小于$100km^2$，关注重点是分类算法的有效性。

    许多城市尺度的研究，如城市动态增长分析、城市化监测、城市热岛监测等，都是基于Landsat影像实施的。虽然VHR图像与LiDAR数据的集成在绘制大面积城市LULC时效果很好，但它面临着数据短缺、成本高、覆盖面积小、数据量大等问题。我国高分专项的第一颗高分卫星高分一号(GF-1)，空间分辨率分别为16m、8m、2m，具有宽条带、高分辨率的特点。高分二号(GF-2)，是我国首颗空间分辨率低于1m的卫星。充分利用这两颗卫星具有的多空间分辨率特征，通过结合多尺度分辨率图像和设计多层次的分类方案，获得城市尺度的城市LULC信息。本研究通过设计一个针对城市规划的三层分类方案，将卫

星提取的城市 LULC 类型扩展到城市规划、建设、管理等相关领域。现有的 LULC 产品中关于城市内部的 LULC 类型有限，同时缺乏针对城市规划和管理的分类方案。因此，很难将分类的城市 LULC 地图应用于城市规划或管理应用。因此，本研究的目标是：①制定一个城市尺度的三层 LULC 分类方案；②在尽量减少实地调查和后期处理程序的同时，尝试获取高精度的城市 LULC 产品，以促进其在城市建设相关领域应用的可行性。

8.2　数据及方法

8.2.1　研究区

长春市，为吉林省的省会，位于我国的东北地区，东经 124°18′—12°05′，北纬 43°05′—43°15′。属于温带大陆性季风气候区，平均气温 4.8℃，年降水量 522~615mm。长春市由 7 区 3 县组成，总面积 20604km²，人口 779.3 万，其中长春市户籍人口 4509 万。本研究选取城市周边高速公路围合区域为研究区，面积为 523.16km²（图 8-1）。

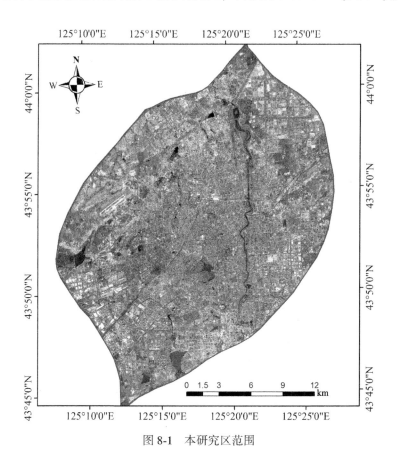

图 8-1　本研究区范围

8.2.2　数据及数据处理

1. 卫星数据

GF-1 卫星搭载了两台全色/多光谱(P/MS)和四台宽视场(WFV)相机。GF-1 卫星 P/MS影像空间分辨率为 2m/8m，地带宽度 60km。WFV 相机数据空间分辨率为 16m，带宽为 800km，包含蓝、绿、红、近红四个光谱波段，为大尺度植被、建筑密度、悬浮物监测等提供重要的数据来源。

GF-2 配备了两个 0.8m 的全色、3.2m 的多光谱相机，具有 45.7km 的条带宽度。其具备空间分辨率高、定位精度高、机动快等特点。GF-1 和 GF-2 的详细传感器特性见表 8-1。

表 8-1　　　　　　　　　　　　**GF-1、GF-2 卫星的波段特征**

卫星	光谱波段	空间分辨率（m）	光谱波段（mm）	扫描宽度（km）
GF-1	P	2	0.45~0.90	60
	MS	8	0.45~0.52	
			0.52~0.59	
			0.63~0.69	
			0.77~0.89	
	WFV-MS	16	0.45~0.52	800
			0.52~0.59	
			0.63~0.69	
			0.77~0.89	
GF-2	P	0.8	0.45~0.90	5.7
	MS	3.2	0.45~0.52	
			0.52~0.59	
			0.63~0.69	
			0.77~0.89	

这里采集 2015 年 6 月 22 日的 GF-1 影像和 2015 年 5 月 25 日的 GF-2 影像进行探究。由于本研究区域面积较大，共收集了 6 景影像(表 8-2)。

2. 实地采集数据

基于 GF-2 和 GF-1 的标准假彩色合成影像，在目视解译和分析的基础上，这里识别和标记出 21 个城市 LULC 类型(表 8-3)，包括两种水体类型，两种植被类型，一类农田，两类裸地，道路和广场，五种类型的工业建筑，七种类型的居住建筑，以及阴影。这 21 种 LULC 类型的选择是基于 0.8m 分辨率的 GF-2 影像能够识别地物的能力。其中，阴影不属于任何一种城市 LULC 类型，但是由于其不能分组到其他类型，所以在这里将其单独列出。对于每个 LULC 类型，我们手动采集了超过 100 个点，共 2732 个点[图 8-2(a)]。选择这些样本是为了确保能够涵盖所有可用的城市土地利用。虽然大多数样本基于影像可以正确地进行识别，但是一些样本依然存在一定程度的不确定性。为了解决这一问题，2017年 6 月，团队在长春市进行了一次实地调查[图 8-2(b)]，与使用的卫星图像的季节一致。在图像上规划出 321 点的野外作业路线，并导入两台 GPS 接收机，GPS 定位精度为 0.2 ~ 0.5m。检查每个站点的当前 LULC 信息并同时拍照。在现场工作的基础上，在实验室对误解的样点进行纠正，并作为训练样本点。同时，现场工作有助于评估测试点的正确性。

表 8-2 本研究所利用的数据

卫星名称	影像号	处理级别	获取日期	空间分辨率	光谱分辨率
GF-1	85656	1A	2015-06-22	8m/16m	MS
	85657	1A	2015-06-22	8m/16m	MS
	875773	1A	2015-06-22	8m/16m	MS
	875774	1A	2015-06-22	8m/16m	MS
GF-2	805806	1A	2015-05-15	0.8m/3.2m	P/MS
	805807	1A	2015-05-15	0.8m/3.2m	P/MS

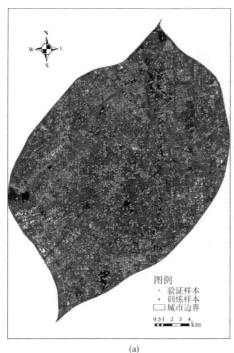

(a)

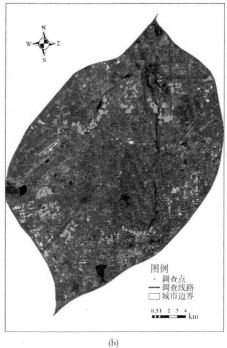

(b)

图 8-2 地表要素提取的样本点分布(a)以及地面验证路线(b)

表 8-3　　　　　　　　　　　城市 LULC 三层分类方案

LULC 类型			标准假彩色影像示例	目视解译特征
第一层	第二层/编码	第三层/编码		
透水面	水体/1	清澈的水体/11		总体呈均一性的黑色调
		浑浊的水/12		大部分呈亮色调，周围略暗，整体均一性差
	植被/2	乔灌木/21		颜色鲜艳，表面呈现一定的错落性，分布密集
		草地/22		颜色略浅，分布密集
	农田/3	耕地/31		纹理明细，斑块状分布
不透水面	裸地/4	待建工地/41		呈浅黄色的土地，与周围环境对比明显
		堆煤场/42		总体呈灰黑色调
	道路和广场/5	道路/51		灰色调，条带状分布

续表

LULC 类型			标准假彩色影像示例	目视解译特征
第一层	第二层/编码	第三层/编码		
不透水面	道路和广场/5	广场或机场/52		整体呈亮色调，条带状
	工业建筑/6	红色屋顶/61		总体呈粉色，形状规则
		黄色屋顶/62		总体呈浅黄色，形状规则
		白色屋顶/63		总体呈白色，形状规则
		灰色屋顶/64		总体呈灰色，形状规则，可见屋顶形状
		紫色屋顶/65		总体呈紫色，形状规则
	居住建筑/7	白色屋顶/71		呈亮色调，阴影明显，尺寸相对较小

续表

LULC 类型			标准假彩色影像示例	目视解译特征
第一层	第二层/编码	第三层/编码		
不透水面	居住建筑/7	黄色屋顶/72	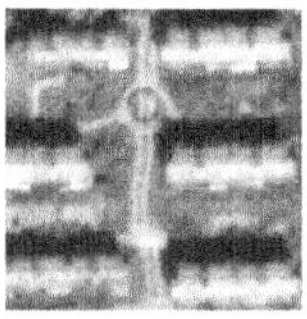	呈黄色调，阴影明显，尺寸相对较小
		黑色屋顶/73	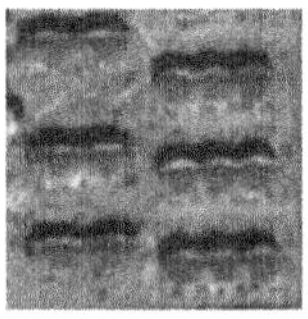	呈黑色调，阴影较短，尺寸相对较小
		红色屋顶/74	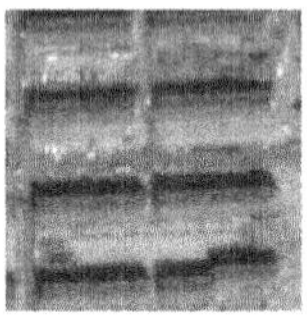	呈灰色调，阴影较短，尺寸相对较小
		高密度居住区/75		呈灰白色调，建筑物密集，建筑个体体量小
		操场/76	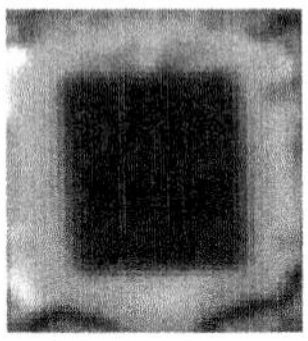	跑道呈浅黄色调，草场呈黑色调，形状规则
阴影	阴影/8	阴影/81	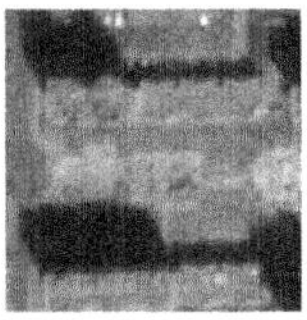	呈黑色调，形状较规则

3. 数据处理

将所有影像转换为 UTM_51N 空间坐标系，参考基准为 WGS-84。本研究采用 Gram-Schmidt 算法，将 GF-2 多光谱图像的四个多光谱波段与全色融合，得到空间分辨率为 0.8m 的多光谱影像。由于 GF-1 和 GF-2 图像存在几何差异，因此在融合后的 GF-2 图像中选取地面控制点(GCPs)，对 GF-1 图像进行几何纠正，纠正后均方根误差为 0.02。这样，我们得到了空间分辨率分别为 16m、8m、3.2m 和 0.8m 四个不同空间分辨率的遥感影像。影像预处理流程如图 8-3 所示。

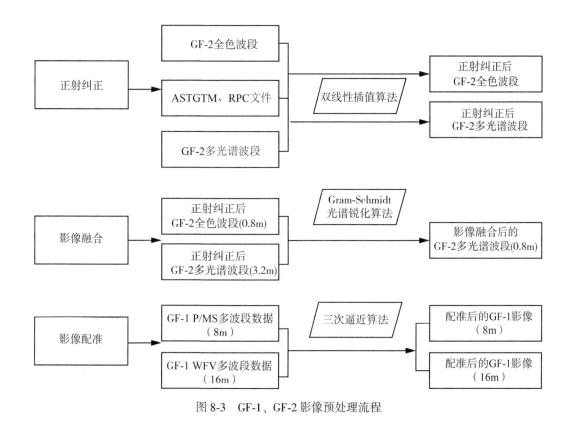

图 8-3 GF-1、GF-2 影像预处理流程

8.2.3 数据及数据预处理

高空间分辨率的图像可以提供更为详尽的地表要素信息，这将有助于我们设计服务于城市管理者和规划人员的城市 LULC 类型。基于目视解译特征、实地调查及其在城市规划和管理中的可能应用，本研究制定了针对于城市 LULC 类型的三层分类方案，如表8-3所示。

三层分类方案的设计主要基于其在城市规划、管理等与城市相关应用中的潜在应用。例如，一个快速城镇化的地区迫切需要进行绿地规划，因为人口增长率高使得城市绿地面积减少。虽然植被的覆盖信息对于城市的景观分析是足够的，但是在对绿地进行合理规划之前，需要识别出城市中的草地、乔木、灌木等地表要素信息。在本章设计的三层划分方案中，透水地表、不透水地表和阴影同属于 LULC 的第一级。透水与不透水地表是城市水文、生态或环境研究的关键参数。为了能够从 GF-1 和 GF-2 卫星影像中解译出更多、更详细的地表覆盖类型，本研究设计了三级分类方案。

不同用途的建筑呈现出不同的光谱、纹理或几何特征，这使得尽可能详细地分离出更多的建筑类型成为可能。考虑到规划人员进行土地利用规划时，需要绘制几种不同类型的屋顶，而不是单一的建筑类别。建筑屋顶不仅被描述为赋予建筑的最后一层定义，也是整个建筑物建造过程的审美体现，同时也是社会文明水平的表达和标志。此外，建筑屋顶，尤其是红色或白色的屋顶，通常用于识别中心城区周边地区的工业或仓储用地信息。通过几何特征、光谱特征综合识别出五类工业建筑，五类居住建筑和操场。这一过程主要是对图像的目视判读实现的，然后通过现场调查和验证予以纠正。第三层中的一些 LULC 类型属于相同的土地覆被或土地利用类型，如居住建筑或工业建筑类型。虽然对于城市规划或管理工程来说几乎没有任何意义，但它们有助于高精度提取城市 LULC 类型的第二层分类信息，或者有利于屋面材料的检测。

8.2.4 分割与分类

对于 GF-1 和 GF-2 图像的分割和分类，本研究采用基于面向对象的方法。面向对象的图像分析一般包括分割和分类两个主要步骤。面向对象图像分类的第一步是将图像分割成不同的对象。目前的很多专业遥感图像处理软件均提供很多适用于不同特征的图像分割算法。基于本研究所设计的多级分类方案，选用多分辨率分割(MRS)算法进行图像分割。MRS 技术是一种区域合并方法。它的目标是尽量减少相邻像素之间的异质性。需要定义三个分割参数，包括尺度、形状和紧致性。由于这些参数控制被分割对象的尺寸和大小(Hussain et al.，2013)，因此对分类精度影响显著。其中，尺度是最重要的参数，它指定最终分割图像对象的大小，该大小对应于最大可接受的异质性，较高的尺度参数值会产生较大的分割对象。形状参数在 0 和 1 之间变化，同时决定了辐射特征的均匀性的水平和物体形状。较高的形状值产生具有最佳形状均匀性的目标，而较低的形状值则产生具有最佳辐射均匀性的图像目标。与形状参数一样，紧致性参数在 0 和 1 之间变化，其控制物体平滑的程度。这三个用户自定义参数受影像空间分辨率和所识别地物大小的影响。根据 Drăgut 等(2010)的研究，图像的空间分辨率为 16m 和 8m，其最优分割尺度参数为 100，而对于图像空间分辨率为 3.2m 和 0.8m 时，最优分割尺度参数为 50 和 25。详细的分割参数见表 8-4。

表 8-4 　　　　　　　　　　**GF-1 和 GF-2 影像的分割参数及最小图斑**

LULC 类型	卫星影像	尺度参数 尺度/形状/紧致性	最小图斑 (MMU，像素)
水体 A	GF-1(16m)	100/0.4/0.5	3×3
水体 B	GF-1(8m)	100/0.4/0.5	3×3
植被 A			10×10
裸地			6×6
农田	GF-2(3.2m)	50/0.4/0.5	6×6
道路、广场			8×8
工业建筑			8×8
植被 B	GF-2(0.8m)	25/0.6/0.5	100×100
阴影			8×8
居住建筑			8×8

决策树(DT)、随机森林(RF)、支持向量机(SVM)等分类器由于其优良的分类性能，在许多面向对象分类算法中得到了广泛的关注。对于中等空间分辨率的图像，这三种算法的性能相似。对于具有亚米级空间分辨率的影像，由于分割参数等各种因素的影响，分类结果差异明显。Li(2016)通过系统分析各种常用监督分类器在不同条件下的分类精度，认为 RF 是最适合用于面向对象的影像分类算法。RF 是一种集成分类技术，是 DT 的进一步发展。RF 具有训练时间短、参数化简单、参数稳定性好等优点。因此，RF 技术越来越受到科学界的关注。与 DT 分类器不同，RF 使用训练样本的随机样本进行迭代运行，在大多数定律的作用下，RF 降低了过拟合的可能性。此外，与支持向量机等常用的非参数分类器相比，RF 对噪声的敏感性较低，效率更高。由于其上述优势，本研究采用 RF 进行影像分类。波段反射率平均值、归一化植被指数(NDVI)、形状指数、几何信息、纹理信息(如同质性、角二阶矩等)作为 RF 分类器的主要输入特征。分割和分类均是基于高分辨率遥感软件 eCognition Developer 9.0 予以实现的。

8.2.5　城市 LULC 类型的提取

本研究设计了一个三层分类方案，识别不同空间分辨率的 GF-1 和 GF-2 影像中的各级各类城市 LULC 类型。这种多级分类方案可以为城市规划人员提供一种灵活的方法，通过组合或分离这些提取的 LULC 类别来生成适合于自己的 LULC 类型。LULC 类别中的水体、裸地、城市绿地等具有较大的覆盖范围，因此可以通过 16 m 空间分辨率的 GF-1 数据进行识别。对提取的 LULC 进行掩膜后，利用更精细的分辨率对区域内更细层次的 LULC 进行分类。在 LULC 类别提取中，使用最小制图单元(MMU)来约束 LULC 类型的最小图斑(图 8-4)。本研究的 MMU 借鉴 GlobeLand30 产品的 MMU 值。由于本研究中使用的图像空间分辨率存在一定的差异，每种 LULC 的边界都存在不一致的地方。为了避免不一致性造成的条带，我们对从 GF-1 图像中提取了 LULC 信息的区域生成多边形矢量文件，不再对这些区域做进一步处理，只有这些矢量文件以外的区域才会利用 GF-2 影像进行分类。这些矢量文件和栅格文件被视为下一步城市 LULC 提取的输入数据。此外，阴影并不属于任何类型的 LULC，但是它在 VHR 图像中广泛存在，很难将其归类到某一个地物类型中，因此本研究将阴影作为一个单独的类型。不同空间分辨率的 GF-1 和 GF-2 卫星影像中提取的不同城市 LULC 类型的信息组合方法如图 8-4 所示。

1. 水体

考虑到部分水体如河流等的线状特征以及易与建筑物阴影发生混淆的特点，这里利用 GF-1 的 16m 和 8m 多光谱信息进行综合提取，首先利用 16m 和 8m 分辨率的影像分别提取出水体信息。与 16m 相比，8m 分辨率提取水体更全面，但影像中会存在建筑物阴影的干扰，而 16m 分辨率的影像中阴影对水体的影响则相对较弱，因此采用 GIS 的叠加分析方法，从 8m 分辨率提取出的水体信息中选择能够与 16m 分辨率提取出的水体信息相交的部分作为最终的水体信息。此外，由于阴影不属于地表覆盖类别，鉴于阴影和水体的易混淆性，提取与水体相邻的阴影信息，将其归类到水体中。水体提取的流程如图 8-5 所示。

2. 植被

在研究区，植被主要由大面积的公园绿地以及小面积的组团绿地构成，因此从 8m 空

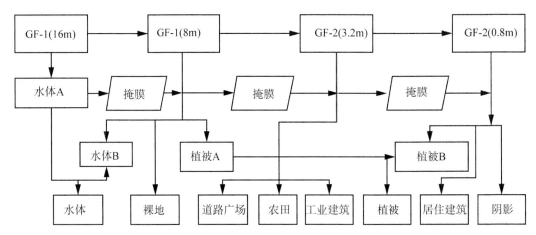

图 8-4　GF-1 和 GF-2 多分辨率卫星图像信息合成流程图

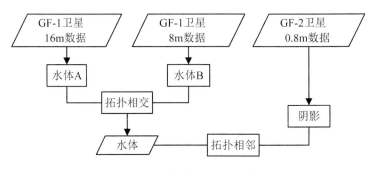

图 8-5　水体提取流程示意图

间分辨率的影像中提取大面积的植被信息。而建筑物与建筑物之间的植被，由于其面积较小，分布连续性较差，因此，利用 0.8m 的 GF-2 卫星影像进行提取。最后将二者组合在一起构成研究区的植被信息。

3. 裸地

大部分裸地位于城市周边地区，主要是建筑工地。此外，堆煤灰的区域，也将其归类为裸地。这种类型的地表要素很难从图像的视觉解译识别。因此，通过实地调查对其进行确认，如图 8-6 所示。由于裸地具有较大的几何面积，且与其他地物类型相混淆的可能性较小，因此从 8m 分辨率影像中提取出裸地信息作为最终的裸地。植被和裸地提取的流程如图 8-7 所示。

4. 农田、道路、建筑物

农田信息的提取：由于 GF-1 卫星和 GF-2 卫星时相上的差异，相对于 GF-1 影像，GF-2 影像中农田和植被存在显著的差异，因此利用 GF-2 卫星 3.2m 分辨率的影像提取农田信息作为最终的农田。

道路信息的提取：由于道路的线状特征及其在几何尺度上要大于建筑物信息，因此采用 3.2m 的影像提取道路信息，顾及道路与建筑物的易混淆性，结合研究区的导航数据，利用

(a)   (b)

图 8-6 煤灰站点(a)及其在图像中的特征(b)

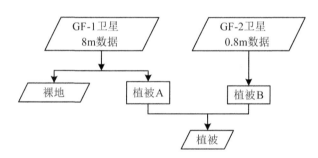

图 8-7 植被、裸地提取流程示意图

GIS 的空间拓扑查询,将 3.2m 分辨率影像中提取的道路信息中与导航数据有相交关系的分类结果作为最终的道路信息。其余的道路信息将其归类到与其相邻的建筑物信息中。

建筑物信息的提取:作为我国的汽车城,长春具有很多工业用地性质的建筑,在 GF-2 卫星影像上的目视表现特征为具有较大的形体及坡面结构,因此,采用 3.2m 分辨率的影像将其提取出来。而阴影和居住建筑,由于其形体较小,是在 0.8m 分辨率影像中提取的,同时考虑到建筑物及阴影几何特征相对较小,且具有明显的轮廓信息,因此分割尺度、形状因子和紧致性分别为 25、0.6 和 0.5。农田、道路和建筑物信息提取的流程如图 8-8 所示。

8.2.6 精度评定

为了确保每一类都能采集到样本点,采用分层随机抽样的方法进行样本点的采集。对样本点的真实性检验通过目视解译予以完成。总体样本点均利用 GF-2 影像进行真实性解译。对于没有 GF-2 图像覆盖的区域,将其叠加在 GF-1 伪彩色合成图像上进行目视解译。利用解译后的样本点构建误差矩阵,借助于总体精度(OA)、用户精度(UA)和制图精度

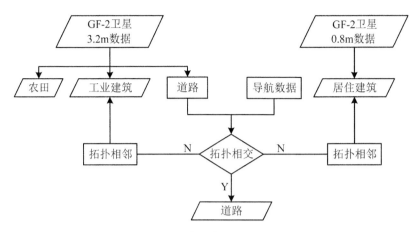

图 8-8　农田、道路和建筑物提取流程示意图

(PA)来定量评估城市 LULC 的精度(三个评价指标的计算公式详见 3.6.1 小节)。在误差矩阵中，p_{ij} 表示分类产品中的第 i 类和参考数据中的第 j 类之间的面积比例。

误差矩阵的每个单元的数据需要从样本中进行估计。基于样本的估计量 p_{ij} 可以表达为 $\hat{p}_{ij}$，相应的误差矩阵也应该体现估算的面积比例 $\hat{p}_{ij}$，而非样本个数 n_{ij}。$\hat{p}_{ij}$ 可以表达为

$$\hat{p}_{ij} = W_i \frac{n_{ij}}{n_{i+}} \tag{8-1}$$

其中，W_i 是第 i 类要素的面积比例，通过 $\hat{p}_{ij}$，可以计算总体精度、用户精度和制图精度。

除了精度参数，需要利用标准差来评定样本间的差异。对于第 i 类要素的用户精度，其估计的方差为

$$\hat{V}(\hat{U}_i) = \frac{\hat{U}_i(1 - \hat{U}_i)}{n_{i+} - 1} \tag{8-2}$$

对于第 j 类参考数据的制图精度，其估计的方差可以表达为

$$\hat{V}(\hat{P}_j) = \frac{1}{\hat{N}_{+j}^2} \left[\frac{N_{j+}^2 (1 - \hat{P}_j)^2 \hat{U}_j(1 - \hat{U}_j)}{n_{j+} - 1} + \hat{P}_j^2 \sum_{i \neq j}^q \frac{N_{i+}^2 \frac{n_{ij}}{n_{i+}} \left(1 - \frac{n_{ij}}{n_{i+}}\right)}{n_{i+} - 1} \right] \tag{8-3}$$

式中，$N_{+j} = \sum_{i=1}^q \frac{N_{i+}}{n_{i+}} n_{ij}$ 是估计的第 j 类参考数据的边缘像素总数；N_{j+} 是估计的第 i 类产品数据的边缘像素总数；n_{j+} 是第 i 类产品数据样本数量。

此外，误差矩阵提供了对各地表覆盖要素面积估算的基础。如果采样方案是简单随机、系统采用或分层随机，则第 k 类地表覆盖要素其估计的面积比例可以表达为

$$\hat{p}_{+k} = \sum_{i=1}^q W_i \frac{n_{ik}}{n_{i+}} \tag{8-4}$$

对于各层的面积比例估计，其标准差可以表达为

$$S(\hat{p}_{+k}) = \sqrt{\sum_i \frac{W_i\,\hat{p}_{ik} - \hat{p}_{ik}^2}{n_{i+} - 1}} \tag{8-5}$$

式中，n_{ik} 是误差矩阵第 i 行第 k 列的样本数；W_i 是第 i 类地表覆盖要素的面积比例；$\hat{p}_{+k} = W_i \dfrac{n_{ik}}{n_{i+}}$。第 k 类地表覆盖类型的面积估计可以表达为 $\hat{A}_k = A \cdot \hat{p}_{+k}$，其中 A 是总面积。

估算面积的标准差可以表达为

$$S(\hat{A}_k) = A \cdot S(\hat{p}_{+k}) \tag{8-6}$$

其 95% 的置信间隔可以通过 $\hat{A}_k \pm 1.96 \times S(\hat{A}_k)$ 予以计算。

8.3　结果与分析

8.3.1　城市 LULC 提取结果

基于上述方法，应用基于对象的 RF 分类器，得到分类方案第二层和第三层的城市 LULC 提取结果，如图 8-9 所示。从图 8-9 可以看出，城市 LULC 图的第三层[图 8-9(a)]

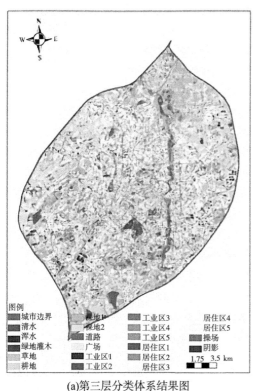

(a)第三层分类体系结果图

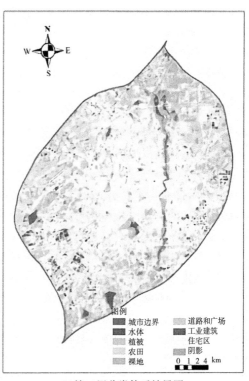

(b)第二层分类体系结果图

图 8-9　长春市城市土地覆盖/利用图

显示的城市土地覆被信息比第二层[图 8-9(b)]更详细，第二层有 8 种城市 LULC 类型。与第三层相比，第二层的城市 LULC 与城市实际情况更符合。即中心城区被住宅、绿地、水体所覆盖，周边为工业建筑、农田、建设用地等。为了更好地对城市 LULC 信息进行展示，这里将城市 LULC 专题图的部分第三层信息放大，并与 GF-2 图像进行对比(图 8-10)。由图 8-10 可以看出，城市 LULC 的分类类型与 GF-2 图像具有很好的一致性。

图 8-10　长春市城中心部分地区三层分类方案结果图及对应的高分影像

8.3.2　定量精度评定

精度评估决定了卫星图像分类地图的质量。我们根据 Olofsson 等(2014)推荐的估算精度的实践方法对所提取的 LULC 结果进行精度评定。

1. 验证精度

利用 QGIS 3.4.4 名为"AcATaMa"18.11.21 版本的插件对本研究结果进行验证。采用分层随机抽样的方法，根据各类面积的比例计算和分配样本量。由于各类的面积大小不一，一些面积较小的类只能分配 5 个甚至更少的样本。为了更能代表每个类中的样本，本研究手动调整样本的最小数量为 10 个。所有的测试点都由两个不同的分析人员一起标记。最后，根据表 8-5 和附表 1 的样本计数，计算了由样本和响应设计产生的第二层、第三层城市 LULC 专题要素的误差矩阵。并计算了每一个类别的用户精度、制图精度和总体精度。由表 8-5 可以看出，城市 LULC 图第二层的总体精度达到 0.89，而第三层精度为 0.87，表明城市 LULC 图的第二层精度要高于城市 LULC 图的第三层精度。根据式(8-1)~式(8-3)，我们可以通过使用带有估计面积比例的单元格值的误差矩阵(表 8-6 和附表 2)计算估计的用户精度、制图精度及其方差。对于城市 LULC 的第二层和第三层，用户精度和制图精度在 95% 置信区间内的估计结果如表 8-7 所示。尽管总体精度良好，但是对于一些 LULC 类别，尤其是第三层，一些类别的用户精度和制图精度偏低，如第二层的裸地、第三层的大部分住宅用地等，均小于 0.80。

表 8-5　　　　　　　　　　　　　城市 LULC 第二层分类结果的精度表

分类＼参考	Wb	Vg	Fl	Bl	R&S	Ib	Rb	Sd	Tt	Ta（km²）	W_i
Wb	32	0	0	0	0	0	0	1	33	14.10	0.03
Vg	0	63	1	2	0	0	1	1	68	109.29	0.21
Fl	0	0	62	8	0	0	2	0	72	53.07	0.10
Bl	0	0	0	42	0	0	0	0	42	18.09	0.03
R&S	0	0	0	1	41	3	1	0	46	20.04	0.04
Ib	0	0	0	0	0	31	0	0	31	13.57	0.03
Rb	0	4	1	6	3	4	55	2	75	288.19	0.55
Sd	0	0	0	0	0	1	2	27	30	6.81	0.01
Tt	32	67	64	59	44	39	61	31	397	523.16	0.03
制图精度	1.00	0.94	0.97	0.71	0.93	0.79	0.90	0.87	1.00		
用户精度	0.97	0.93	0.86	1.00	0.89	1.00	0.73	0.90	0.97		
总体精度	0.89										

注：Wb—水体；Vg—植被；Fl—农田；Bl—裸地；R&S—道路和广场；Ib—工业建筑；Rb—居住建筑；Sd—阴影；Tt—总计；Ta—面积。

表 8-6　　　　　　　　　　　城市 LULC 第二层估算面积比例的误差矩阵

分类＼参考	Wb	Vg	Fl	Bl	R&S	Ib	Rb	Sd	W_i
Wb	0.03	—	—	—	—	—	—	0.00	0.03
Vg	—	0.19	0.00	0.01	—	—	0.00	0.00	0.21
Fl	—	—	0.09	0.01	—	—	0.00	—	0.10
Bl	—	—	—	0.03	—	—	—	—	0.03
R&S	—	—	—	0.00	0.03	0.00	0.00	—	0.04
Ib	—	—	—	—	—	0.03	—	—	0.03
Rb	—	0.03	0.01	0.04	0.02	0.03	0.40	0.01	0.55
Sd	—	—	—	—	—	0.00	0.00	0.01	0.01
Tt	0.03	0.22	0.10	0.10	0.06	0.06	0.41	0.03	

表 8-7　　　　　　　　　　　　　　95%置信区间下估计的用户精度

	第二层		第三层
城市 LULC	估计用户/制图精度	城市 LULC	估计用户/制图精度
水体	0.97±0.06/1.00±0.00	清澈水体	0.90±0.13/0.86±0.17
		混浊水体	0.60±0.26/1.00±0.00
植被	0.93±0.06/0.94±0.07	乔灌木	1.00±0.00/1.00±0.00
		草地	0.87±0.14/0.83±0.19
农田	0.86±0.08/0.97±0.09	农田	0.94±0.12/0.84±0.16
裸地	1.00±0.00/0.71±0.06	裸地 T1	0.96±0.88/0.92±0.15
		裸地 T2	1.00±0.00/0.65±0.11
道路和广场	0.89±0.09/0.93±0.12	道路	0.92±0.11/0.82±0.18
		广场	0.93±0.13/0.93±0.15
工业建筑	1.00±0.00/0.79±0.06	工业建筑 Bd1	1.00±0.00/0.88±0.14
		工业建筑 Bd2	1.00±0.00/0.88±0.14
		工业建筑 Bd3	0.93±0.13/0.93±0.15
		工业建筑 Bd4	0.80±0.21/1.00±0.00
		工业建筑 Bd5	0.87±0.18/0.87±0.16
居住建筑	0.73±0.10/0.90±0.23	居住建筑 Bd1	0.95±0.07/0.93±0.16
		居住建筑 Bd2	0.73±0.23/0.85±0.17
		居住建筑 Bd3	0.70±0.18/0.95±0.16
		居住建筑 Bd4	0.73±0.23/0.85±0.17
		居住建筑 Bd5	0.77±0.13/0.76±0.35
		操场	0.80±0.21/0.92±0.15
阴影	0.90±0.11/0.87±0.17	阴影	0.80±0.21/0.80±0.19

2. 面积估计及其不确定性

根据估算的面积比例，利用参考数据可以估算出每一类的面积。比如可以利用表 8-6 中的误差矩阵来计算每一类的面积及其不确定性。水体的估计面积为：$\hat{A}_1 = \hat{p}_1 \times A_{\text{tot}} = 0.02613 \times 523.1622 = 13.66806\text{km}^2$，与实际的制图面积 14.09400km^2 相比，低估了约 0.42594km^2，其置信间隔为 $1.96 \times 0.429 = 0.84084\text{km}^2$。因此，在 95%置信水平下，水体的估算面积 $13.66806 \pm 0.84084\text{km}^2$，即其最小值和最大值分别为 12.82722km^2 和 14.5089km^2。利用同样的方法可以得到城市 LULC 第二层和第三层中每一个 LULC 类型的面积估计。表 8-8 为城市 LULC 层第 2 层和第 3 层每个类的面积估计，置信区间为 95%。

这些信息可以为城市规划者提供数据支持，以核查每个 LULC 类别的不确定性，进而对其用地布局的合理性做出分析和判断。

表 8-8   95% 置信水平下每一个 LULC 类别的面积估计（km²）

城市 LULC	面积	误差	最小值	最大值	城市 LULC	面积	误差	最小值	最大值
水体	13.67	0.43	12.83	14.51	清澈水体	12.67	1.17	10.38	14.95
					混浊水体	0.59	0.13	0.34	0.84
植被	116.63	8.30	100.37	132.88	乔灌木	29.56	0.00	29.56	29.56
					草地	84.88	10.21	64.87	104.89
农田	51.15	4.70	41.94	60.36	农田	58.46	6.83	45.08	71.85
裸地	50.69	9.58	31.92	69.47	裸地 T1	20.98	5.03	11.13	30.84
					裸地 T2	6.15	3.20	-0.12	12.42
广场道路	29.39	6.63	16.39	42.39	道路	31.61	8.52	14.92	48.30
					广场	3.37	0.71	1.97	4.77
工业建筑	30.47	7.57	15.64	45.30	工业建筑 Bd1	8.04	0.81	6.45	9.64
					工业建筑 Bd2	2.88	0.39	2.11	3.65
					工业建筑 Bd3	2.10	0.24	1.64	2.56
					工业建筑 Bd4	1.61	0.21	1.19	2.03
					工业建筑 Bd5	5.83	5.02	-4.01	15.67
居住建筑	215.31	14.95	186.02	244.61	居住建筑 Bd1	34.01	1.69	30.70	37.32
					居住建筑 Bd2	4.87	0.99	2.94	6.80
					居住建筑 Bd3	14.60	1.90	10.87	18.32
					居住建筑 Bd4	6.60	1.06	4.52	8.67
					居住建筑 Bd5	181.24	14.92	152.00	210.48
					操场	1.36	0.47	0.44	2.28
阴影	15.85	5.66	4.76	26.95	阴影	11.75	5.12	1.72	21.78

3. 错分、漏分及易混淆地物类型的分析

从精度评定的用户精度及制图精度结果，可以看出各类地表覆盖类型均存在不同程度的错分和漏分现象。由于利用 16m 分辨率的遥感影像对阴影进行了过滤，因此水体错分的现象比较少，多为漏分的水体信息，如图 8-11(a) 所示。由于水体的漏分错误，导致在阴影的分类中会存在一定程度的错分现象，同时也存在漏分错误[图 8-11(b)]。由于利用不同分辨率的遥感影像进行水体的提取，因此在水体的周围识别为阴影信息，通过拓扑邻接，将其最终归类到水体中。

图 8-11　水体(a)和阴影(b)的提取结果及其易混淆地物类型示意图

　　由于植被具有比较好的连续性，所以以填充的形式与假彩色合成影像的背景对比相对更明显。植被的分类结果中，利用 8m 空间分辨率的 GF-1 影像得到的分类结果如图 8-12(a)所示，存在部分漏分现象，错分现象相对较少，只有个别由于大型工业建筑的屋顶的颜色与植被的光谱相似而造成错分。对于组团内的绿地，提取的地表覆盖信息相对较好[图 8-12(b)]，但是有部分阴影也被错分成植被，后期通过与阴影叠加，以阴影为主对其进行修正。

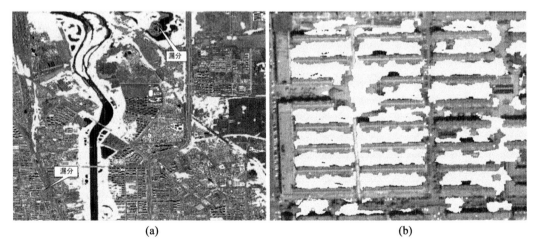

图 8-12　植被提取的结果及其易混淆地物类型示意图

　　农田的分类结果如图 8-13 所示。农田漏分的错误相对较少，但是与裸地存在一定程度的混淆，而裸地除了错分为农田，也有一定数量的对象错分为植被。

图 8-13　农田(a)和裸地(b)提取的结果及其易混淆地类示意图

　　考虑到道路与建筑的易混淆性,这里利用研究区主路的导航数据对道路信息进行了提取,导航数据如图 8-14(a)所示,通过拓扑相交后得到的道路信息如图 8-14(b)所示。由于采用拓扑相交的方法,受限于分割尺度的大小,会存在将非道路信息也一并提取出来的可能。此外,由于已有的导航数据有限,因此所提取的道路信息可能会覆盖不全。

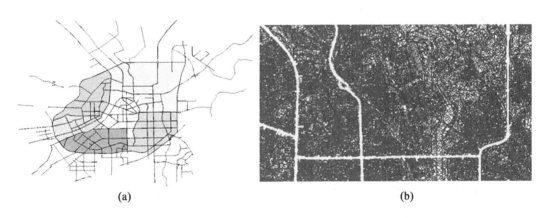

图 8-14　主路导航数据(a)及所提取的道路结果(b)示意图

　　从图 8-15(a)中可以看出,道路与居住建筑之间的混淆性,此外,操场、空地及广场等也易与居住建筑用地混淆。考虑到操场、建筑间的空地、广场等亦从属于居住建筑用地,因此,将居住建筑、空地、广场以及学校等进行合并,归为居住建筑用地。图 8-15(b)为工业建筑提取的结果,可以看出与植被、居住建筑、广场等存在明显的易混淆性。

(a)　　　　　　　　　　　　　　　(b)

图 8-15　道路与居住建筑(a)和工业建筑(b)提取的结果及其易混淆地类示意图

8.4　结　　论

中分辨率的卫星影像覆盖面积大，但缺乏提供详细的城市土地利用及覆盖信息的能力。而亚米级的卫星影像则为提取详细的城市 LULC 信息提供了重要的数据源，特别是对于异质性较高的城市下垫面地区。然而，VHR 图像扫描带宽度有限，一景影像很难覆盖整个城市地区，且成本很高。在本研究中，将具有中高分辨率影像(GF-1)和高分辨率影像(GF-2)结合在一起，充分利用这两颗卫星影像的多级分辨率特征，提取多尺度的城市 LULC 信息，实现在不同的空间尺度下对城市区域的 LULC 类型进行提取。

城市 LULC 类型中，相对面积较大的地物类型，如水体、绿地和裸地可以利用 GF-1 图像进行提取，而如工业和住宅等尺度较小的地物类型，可以通过 GF-2 的亚米级数据进行提取。基于此，本研究提出一个适合于城市地表的三层分类方案。这一多分类体系可以允许城市规划者和决策者选择适合的城市 LULC 类型，以服务于其特定的应用，包括城镇化监测、动态地表覆盖和土地利用的变化、城市景观变化分析以及生态保护等，因此本方案提供了一种提取不同细节层次的城市尺度 LULC 类型的实用方法。

本研究分类方案的设计主要基于各城市 LULC 类型在目视解译上的可分性，以达到更好的精度。本研究结合具有米级分辨率的 GF-1 影像和亚米级分辨率的 GF-2 影像，设计了三级分类方案，提取了不同空间分辨率下的城市 LULC 类型。通过对吉林省长春市的案例研究，结果表明：本分类方案第二层和第三层的城市 LULC 的总体精度分别为 0.89 和 0.87，使得本研究的三层分类方案在城市 LULC 信息提取中具有应用潜力。分类方案的第二层和第三层的 LULC 类型可以进行城市动态扩张分析，估算城市人口密度、城市景观分析，以及开展与城市环境相关的工作。

附　表

附表1

城市 LULC 第三层分类精度验证结果

	Cw	Tw	Ts	Gs	Fl	Bl1	Bl2	Rd	Sq	Ib1	Ib2	Ib3	Ib4	Ib5	Rb1	Rb2	Rb3	Rb4	Rb5	Pg	Sd	Tt	Ta (km^2)	W_i
Cw	18	0	0	0	0	0	0	0	0	0	0	0	0	0	0	0	0	0	0	0	2	20	13.11	0.03
Tw	2	9	0	0	1	0	3	0	0	0	0	0	0	0	0	0	0	0	0	0	0	15	0.98	0.00
Ts	0	0	15	0	0	0	0	0	0	0	0	0	0	0	0	0	0	0	0	0	0	15	29.56	0.06
Gs	0	0	0	20	1	0	0	0	0	0	0	0	0	0	0	0	0	0	2	0	0	23	79.73	0.15
Fl	0	0	0	0	16	0	1	0	0	0	0	0	0	0	0	0	0	0	0	0	0	17	53.07	0.10
Bl1	0	0	0	0	0	24	0	0	0	0	0	0	0	0	0	0	0	0	1	0	0	25	16.59	0.03
Bl2	0	0	0	0	0	0	15	0	0	0	0	0	0	0	0	0	0	0	0	0	0	15	1.51	0.00
Rd	0	0	0	0	0	0	0	23	1	0	0	0	0	0	0	0	1	0	0	0	0	25	17.16	0.03
Sq	0	0	0	0	0	0	0	0	14	0	0	1	0	0	0	0	0	0	0	0	0	15	2.88	0.01
Ib1	0	0	0	0	0	0	0	0	0	15	0	0	0	0	0	0	0	0	0	0	0	15	6.85	0.01
Ib2	0	0	0	0	0	0	0	0	0	0	15	0	0	0	0	0	0	0	0	0	0	15	2.37	0.00
Ib3	0	0	0	0	0	0	0	0	0	0	1	14	0	0	0	0	0	0	0	0	0	15	2.05	0.00

续表

	Cw	Tw	Ts	Gs	Fl	Bl1	Bl2	Rd	Sq	Ib1	Ib2	Ib3	Ib4	Ib5	Rb1	Rb2	Rb3	Rb4	Rb5	Pg	Sd	Tt	Ta (km²)	W_i
Ib4	0	0	0	0	0	0	1	1	0	0	0	0	12	0	0	0	0	0	1	0	0	15	2.01	0.00
Ib5	0	0	0	0	0	0	0	0	0	0	0	0	0	13	0	0	0	2	0	0	0	15	0.29	0.00
Rb1	0	0	0	0	0	0	0	0	0	0	0	0	0	0	38	0	0	0	2	0	0	40	33.49	0.06
Rb2	0	0	0	0	0	0	2	0	0	0	1	0	0	0	0	11	0	0	1	0	0	15	5.54	0.01
Rb3	1	0	0	0	0	0	0	1	0	0	0	0	0	0	3	1	19	0	2	0	0	27	19.77	0.04
Rb4	0	0	0	1	1	0	0	0	0	2	0	0	0	1	0	0	0	11	0	0	0	15	8.94	0.02
Rb5	0	0	0	3	1	1	0	3	0	0	0	0	0	1	0	0	0	0	34	0	1	44	219.32	0.42
Pg	0	0	0	0	0	1	0	0	0	0	0	0	0	0	0	0	0	0	1	12	0	15	1.14	0.00
Sd	0	0	0	0	0	0	1	0	0	0	0	0	0	0	0	0	0	0	1	1	12	15	6.81	0.01
Tt	21	9	15	24	19	26	23	28	15	17	17	15	12	15	41	13	20	13	45	13	15	416	523.16	
PA	0.86	1.00	1.00	0.83	0.84	0.92	0.65	0.82	0.93	0.88	0.88	0.93	1.00	0.87	0.93	0.85	0.95	0.85	0.76	0.92	0.80	0.86		
UA	0.90	0.60	1.00	0.87	0.94	0.96	1.00	0.92	0.93	1.00	1.00	0.93	0.80	0.87	0.95	0.73	0.70	0.73	0.77	0.80	0.80	0.90		
OA													0.87											

注：Cw—清澈水体；Tw—混浊水体；Ts—乔灌木；Gs—草地；Fl—农田；Bl—裸地；Rd—道路；Sq—广场；Ib—工业建筑；Rb—居住建筑；Pg—操场；Sd—阴影；Tt—总计；Ta—面积汇总。

附表 2　城市 LULC 第三层分类面积比例估计误差矩阵

	Cw	Tw	Ts	Gs	Fl	Bl1	Bl2	Rd	Sq	Ib1	Ib2	Ib3	Ib4	Ib5	Rb1	Rb2	Rb3	Rb4	Rb5	Pg	Sd	W_i
Cw	0.02	—	—	—	—	—	—	—	—	—	—	—	—	—	—	—	—	—	—	—	0.00	0.03
Tw	0.00	0.00	—	—	—	—	0.00	—	—	—	—	—	—	—	—	—	—	—	—	—	—	0.00
Ts	—	—	0.06	—	—	—	—	—	—	—	—	—	—	—	—	—	—	—	—	—	—	0.06
Gs	—	—	—	0.13	0.01	—	—	—	—	—	—	—	—	—	—	—	—	—	0.01	—	—	0.15
Fl	—	—	—	—	0.10	—	0.01	—	—	—	—	—	—	—	—	—	—	—	—	—	—	0.10
Bl1	—	—	—	—	—	0.03	—	—	—	—	—	—	—	—	—	—	—	—	0.00	—	—	0.03
Bl2	—	—	—	—	—	—	0.00	—	—	—	—	—	—	—	—	—	—	—	—	—	—	0.00
Rd	—	—	—	—	—	—	—	0.03	0.00	—	—	—	—	—	—	—	0.00	—	—	—	—	0.03
Sq	—	—	—	—	—	—	—	—	0.01	—	—	0.00	—	—	—	—	—	—	—	—	—	0.01
Ib1	—	—	—	—	—	—	—	—	—	0.01	—	—	—	—	—	—	—	—	—	—	—	0.01
Ib2	—	—	—	—	—	—	—	—	—	—	0.00	0.00	—	—	—	—	—	—	—	—	—	0.00
Ib3	—	—	—	—	—	—	—	—	—	—	0.00	0.00	—	—	—	—	—	—	—	—	—	0.00
Ib4	—	—	—	—	—	—	0.00	0.00	—	0.00	—	—	0.00	—	—	—	—	—	—	—	—	0.00
Ib5	—	—	—	0.00	—	—	—	—	—	—	—	—	—	0.00	—	—	—	0.00	0.00	—	—	0.00
Rb1	—	—	—	—	—	—	—	—	—	—	0.00	—	—	0.00	0.06	0.01	—	—	0.00	—	—	0.06
Rb2	—	—	—	—	—	—	—	—	—	—	—	—	—	—	—	0.00	—	—	0.00	—	—	0.01
Rb3	0.00	—	—	—	—	—	—	0.00	—	—	—	—	—	—	0.00	—	0.03	—	0.00	—	—	0.04
Rb4	—	—	—	—	—	—	—	—	—	—	—	—	—	0.00	—	—	—	0.01	—	—	—	0.02
Rb5	—	—	—	0.03	—	0.01	—	0.03	—	—	—	—	—	0.01	—	—	—	—	0.32	—	0.01	0.42
Pg	—	—	—	—	—	0.00	—	—	—	—	—	—	—	—	—	0.00	—	—	0.00	0.00	0.00	0.00
Sd	—	—	—	—	—	—	0.00	—	—	—	—	—	—	—	—	—	—	—	0.00	0.00	0.01	0.01
Tt	0.02	0.00	0.06	0.16	0.11	0.04	0.01	0.06	0.01	0.02	0.01	0.00	0.00	0.01	0.07	0.01	0.03	0.01	0.35	0.00	0.02	

参 考 文 献

[1]车元媛.2011.基于 DIV+CSS 的网页布局技术应用[J].电脑知识与技术,(9):2019-2020.

[2]陈利军,陈军,廖安平,等.2012.30m 全球地表覆盖遥感分类方法初探[J].测绘通报,(S1):350-353.

[3]陈思思,陈笑峰,刘悦,等.2014.ArcGIS 环境下的系列无人机影像灾害样本库建设[J].测绘,37(6):268-271.

[4]陈云,戴锦芳,李俊杰.2008.基于影像多种特征的 CART 决策树分类方法及其应用[J].地理与地理信息科学,(2):33-36.

[5]陈忠.2006.高分辨率遥感图像分类技术研究[D].北京:中国科学院研究生院(遥感应用研究所).

[6]代林沅.2018.关于深度学习和遥感地物分类的研究[J].电脑知识与技术,14(4):212-213.

[7]方文,李朝奎,梁继,等.2016.多分类器组合的遥感影像分类方法[J].测绘科学,41(10):120-125.

[8]高伟.2010.基于特征知识库的遥感信息提取技术研究[D].武汉:中国地质大学(武汉).

[9]郭明强.2016.WebGIS 之 OpenLayers 全面解析[M].北京:电子工业出版社.

[10]韩玲.2004.基于人工神经网络——多层感知器(MLP)的遥感影像分类模型[J].测绘通报,(9):29-30.

[11]韩启金,马灵玲,刘李,等.2015.基于宽动态地面目标的高分二号卫星在轨定标与评价[J].光学学报,(7):372-379.

[12]黄恩兴.2010.遥感影像分类结果的不确定性研究[J].中国农学通报,26(5):322-325.

[13]黄瑾.2010.面向对象遥感影像分类方法在土地利用信息提取中的应用研究[D].成都:成都理工大学.

[14]计田峰,陈冬花,黄新利,等.2017.基于形态学阴影指数的高分二号影像建筑物高度估计[J].遥感技术与应用,32(5):844-850.

[15]刘辉,谢天文.2013.基于 PCA 与 HIS 模型的高分辨率遥感影像阴影检测研究[J].遥感技术与应用,28(1):78-84.

[16]刘小文,郭大波,李聪.2019.卷积神经网络中激活函数的一种改进[J].测试技术学报,(2):121-125.

[17]卢泓宇,张敏,刘奕群,等.2017.卷积神经网络特征重要性分析及增强特征选择模型[J].软件学报,28(11):2879-2890.

[18]鲁恒,付萧,贺一楠,等.2015.基于迁移学习的无人机影像耕地信息提取方法[J].农业机械学报,46(12):274-279.

[19]马浩然,赵天忠,曾怡.2014.面向对象的最优分割尺度下多层次森林植被分类[J].东北林业大学学报,42(9):52-57.

[20]毛健,赵红东,姚婧婧.2011.人工神经网络的发展及应用[J].电子设计工程,19(24):62-65.

[21]闵志欢.2014.浅谈地理国情普查遥感影像解译样本库的制作[J].科技广场,(12):64-67.

[22]潘腾.2015.高分二号卫星的技术特点[J].中国航天,(1):3-9.

[23]潘腾,关晖,贺玮.2015."高分二号"卫星遥感技术[J].航天返回与遥感,(4):16-24.

[24]潘旭冉,杨帆,潘国峰.2018.采用改进全卷积网络的"高分一号"影像居民地提取[J].电讯技术,58(2):119-125.

[25]彭正林,毛先成,刘文毅,等.2011.基于多分类器组合的遥感影像分类方法研究[J].国土资源遥感,(2):19-25.

[26]孙攀,董玉森,陈伟涛,等.2016.高分二号卫星影像融合及质量评价[J].国土资源遥感,(4):108-113.

[27]田学志.2013.基于 Python 的 ArcGIS 地理处理应用研究[J].计算机光盘软件与应用,(7):53-57.

[28]王贯飞.2014.动态 Web 应用程序开发框架 AngularJS 的特性分析[J].电子技术与软件工程,(6):268.

[29]王慧贤,靳惠佳,王娇龙,等.2015.k 均值聚类引导的遥感影像多尺度分割优化方法[J].测绘学报,(5):526-532.

[30]王京卫,郭秋英,郑国强.2012.基于单张遥感影像的城市建筑物高度提取研究[J].测绘通报,(4):15-17.

[31]王双成,杜瑞杰,刘颖.2012.连续属性完全贝叶斯分类器的学习与优化[J].计算机学报,(10):2129-2138.

[32]吴绍华,李少波,侯稀垟,等.2017.基于高维数据聚类的制造过程数据分析平台[J].微型机与应用,(1):86-88.

[33]伍广明,陈奇,Ryosuke Shibasaki,等.2018.基于 U 型卷积神经网络的航空影像建筑物检测[J].测绘学报,47(6):864-872.

[34]武丹,刘涛,杨树文.2017.资源三号卫星高分影像的城市建筑物阴影提取[J].测绘科学,42(6):190-195.

[35]杨长坤,王崇倡,张鼎凯,等.2015.基于 SVM 的高分一号卫星影像分类[J].测绘与空间地理信息,(9):142-144,146.

[36]杨兴旺,杨树文,刘正军,等.2015.资源三号影像中城市高大地物阴影检测方法

[J]. 测绘科学, 40(9)：98-101.

[37] 姚花琴, 杨树文, 刘正军, 等. 2015. 一种城市高大地物阴影检测方法[J]. 测绘科学, 40(10)：110-113.

[38] 张著英, 黄玉龙, 王翰虎. 2008. 一个高效的 KNN 分类算法[J]. 计算机科学, (3)：170-172.

[39] 郑文武, 曾永年. 2011. 利用多分类器集成进行遥感影像分类[J]. 武汉大学学报(信息科学版), (11)：1290-1293.

[40] Arevalo V, Gonzalez J, Ambrosio G. 2008. Shadow Detection in colour high-resolution satellite images[J]. International Journal of Remote Sensing, 29(7)：1945-1963.

[41] Bei Z, Zhong Y, Zhang L, et al. 2016. The fisher kernel coding framework for high spatial resolution scene classification[J]. Remote Sensing, 8(2)：157.

[42] Breiman L, Friedman J H, Olshen R A, et al. 2015. Classification and regression trees [J]. Encyclopedia of Ecology, 40(3)：358.

[43] Chakraborty S, Balasubramanian V N, Qian S, et al. 2015. Active batch selection via convex relaxations with guaranteed solution bounds[J]. IEEE Trans Pattern Anal Mach Intell, 37(10)：1945-1958.

[44] ChenK, Fu K, Gao X, et al. 2017. Building extraction from remote sensing images with deep learning in a supervised manner[C]//Geoscience & Remote Sensing Symposium. IEEE.

[45] Chen L, Qu H, Zhao J, et al. 2016. Efficient and robust deep learning with Correntropy-induced loss function[J]. Neural Computing & Applications, 27(4)：1019-1031.

[46] Chen Y, Lin Z, Xing Z, et al. 2017. Deep learning-based classification of hyperspectral data[J]. IEEE Journal of Selected Topics in Applied Earth Observations & Remote Sensing, 7(6)：2094-2107.

[47] Dahiya S, Garg P K, Jat M K. 2013. Object oriented approach for building extraction from high resolution satellite images[C]//2013 3rd IEEE International Advance Computing Conference, 13.

[48] David M. 2010. Applying CSS3 to your Web Design - ScienceDirect[R]. Html 5：99-127.

[49] Debes C, Merentitis A, Heremans R, et al. 2014. Hyperspectral and LiDAR Data Fusion：Outcome of the 2013 GRSS Data Fusion Contest[J]. IEEE Journal of Selected Topics in Applied Earth Observations & Remote Sensin, 7(6)：2405-2418.

[50] Drăgut L, Csillik O, Eisank C, et al. 2014. Automated parameterisation for multi-scale image segmentation on multiple layers[J]. ISPRS Journal of Photogrammetry and Remote Sensing, 88：119-127.

[51] Drăgut L, Tiede D, Levick S R. 2010. ESP：a tool to estimate scale parameter for multiresolution image segmentation of remotely sensed data[J]. International Journal of Geographical Information Science, 24(5-6)：859-871.

[52] Fukushima K, Miyake S. 1982. Neocognitron：A new algorithm for pattern recognition

tolerant of deformations and shifts in position[J]. Pattern Recognition, 15(6): 455-469.

[53] Gong J, Liu C, Huang X. 2020. Advances in urban information extraction from high-resolution remote sensing imagery[J]. Science China Earth Science, 63(4): 463-475.

[54] Guo F S, Wen Y, Tao X, et al. 2012. High-resolution satellite scene classification using a sparse coding based multiple feature combination [J]. International Journal of Remote Sensing, 33(8): 2395-2412.

[55] Haklay M, Weber P. 2008. OpenStreetMap: User-Generated Street Maps [J]. IEEE Pervasive Computing, 7(4): 12-18.

[56] Hubel D H, Wiesel T N. 1962. Receptive fields, binocular interaction and functional architecture in the cat's visual cortex[J]. Journal of Physiology, 160(1): 106-154.

[57] Hussain M, Chen D, Cheng A, et al. 2013. Change detection from remotely sensed images: From pixel-based to object-based approaches[J]. ISPRS Journal of Photogrammetry and Remote Sensing, 80(2): 91-106.

[58] Li H, He X, Zhou F, et al. 2018. Dense Deconvolutional Network for Skin Lesion Segmentation[J]. IEEE Journal of Biomedical and Health Informatics, (99): 2168-2194.

[59] Li M, Stein A, Bijker W, et al. 2016. Urban land use extraction from very high resolution remote sensing imagery using a Bayesian network[J]. ISPRS Journal of Photogrammetry and Remote Sensing, 122: 192-205.

[60] Long J, Shelhamer E, Darrell T. 2014. Fully convolutional networks for semantic segmentation[J]. IEEE Transactions on Pattern Analysis & Machine Intelligence, 39(4): 640-651.

[61] Lucian D, Tiede D, Levick S R. 2010. ESP: a tool to estimate scale parameter for multiresolution image segmentation of remotely sensed data[J]. International Journal of Geographical Information Science, 24(6): 859-871.

[62] Lu H, Fu X, Liu C, Li L, et al. 2017. Cultivated land information extraction in UAV imagery based on deep convolutional neural network and transfer learning[J]. Journal of Mountain Science, 14(4): 731-741.

[63] Ma L, Li M, MA X, et al. 2017. A review of supervised object-based land-cover image classification[J]. Isprs Journal of Photogrammetry & Remote Sensing, 130 (Aug.): 277-293.

[64] Olofsson P, Foody G M, Herold M, et al. 2014. Good practices for estimating area and assessing accuracy of land change[J]. Remote Sensing of Environment, 148: 42-57.

[65] Rottensteiner F, Sohn G, Gerke M, et al. 2014. Results of the ISPRS benchmark on urban object detection and 3D building reconstruction [J]. Isprs Journal of Photogrammetry & Remote Sensing, 93(Jul.): 256-271.

[66] Simonyan K, Zisserman A. 2014. Very deep convolutional networks for large-scale image recognition[J]. Computer Science, 18: 1-12.

[67] Song H, Huang B, Zhang K. 2014. Shadow detection and reconstruction in high-resolution

satellite images via morphological filtering and example-basedlearning [J]. IEEE Transactions on Geoscience & Remote Sensing, 52(5): 2545-2554.

[68]Statistics L B, Breiman L. 2001. Random forests[J]. Machine Learning, 45(1): 5-32.

[69]Szegedy C, Vanhoucke V, Ioffe S, et al. 2016. Rethinking the inception architecture for computer vision[C]//2016 IEEE Conference on Computer Vision and Pattern Recognition: 2818-2826.

[70]Tong X Y, Xia G S, Lu Q, et al. 2020. Land-cover classification with high-resolution remote sensing images using transferable deep models[J]. Remote Sensing of Environment, 237(6): 111322.

[71]Vakalopoulou M, Karantzalos K, Komodakis N, et al. 2015. Building detection in very high resolution multispectral data with deep learning features[C]//IGARSS 2015, 2015 IEEE International Geoscience and Remote Sensing Symposium.

[72]Xia G S, Hu J, Hu F, et al. 2017. AID: A benchmark data set for performance evaluation of aerial scene classification[J]. IEEE Transactions on Geoscience and Remote Sensing, 55(7): 3965-3981.

[73]Zhu X X, Tuia D, Mou L, et al. 2018. Deep learning in remote sensing: A comprehensive review and list of resources[J]. IEEE Geoscience & Remote Sensing Magazine, 5(4): 8-36.

[74]Zou Q, Ni L H, Zhang T, et al. 2015. Deep learning Based Feature Selection for Remote Sensing Scene Classification[J]. IEEE Geoscience and Remote Science Letters, 12(11): 1-5.